青少年科普图书馆

世界科普巨匠经典译丛·第六辑

越算越聪明的印度数学

刘海涛 编著

上海科学普及出版社

图书在版编目（CIP）数据

越算越聪明的印度数学 / 刘海涛编著 . —上海：上海科学普及出版社，2015.1（2021.11 重印）

（世界科普巨匠经典译丛 · 第六辑）

ISBN 978-7-5427-5969-6

Ⅰ . ①越… Ⅱ . ①刘… Ⅲ . ①古典数学 – 印度 – 普及读物 Ⅳ . ① O113.51-49

中国版本图书馆 CIP 数据核字 (2013) 第 289635 号

责任编辑：李　蕾

世界科普巨匠经典译丛 · 第六辑

越算越聪明的印度数学

刘海涛　编著

上海科学普及出版社出版发行

（上海中山北路 832 号 邮编 200070）

http://www.pspsh.com

各地新华书店经销　三河市金泰源印务有限公司印刷

开本 787 × 1092　1/12　印张 15.5　字数 184 000

2015 年 1 月第 1 版　2021 年 11 月第 2 次印刷

ISBN 978-7-5427-5969-6　定价：36.80 元

越算越聪明的印度数学

一直以来，印度都是数学天才的摇篮，许多人受益于印度数学。印度数学源自古老的印度，来自于充满神秘色彩的《吠陀经》中的十六字　言。具体到数学里面，它就是简便高效的演算技巧，是著名的“纵向横向交叉”法则。

“在印度，几乎没有不喜欢数学的孩子。”“在印度，从幼儿园开始学乘法是很正常的。”印度数学像一种咒语、像一种精神　　，而学起来像游戏一样有趣，像诗歌一样有节奏。

通过学习印度数学的演算技巧，能够让孩子们轻松驾驭数学，建立起学习数学的强大自信，最主要的是在学习、运用印度数学演算技巧的过程中，孩子们的智慧会不由自主地被挖掘、开发，从而将这一技巧拓展到数学之外的其他领域，甚至是生活当中。

本身分为九章，共介绍了加、减、乘、除、乘方、开方、分数、代数、方程等几类印度数学演算技巧，这几种演算技巧都实用于人们平时的应用。其中将“补数思想”的精髓展现在加减乘除的运算法中，使运算过程能够更加系统连贯地被朋友们掌握。

本书的技巧和方法虽然通俗易学，有趣有用，但读者们还是应该耐心理解与吸收，认真演练里面的习题，如果能耐心演练 12 个小时左右，你的计算速度就会提升一个等级。另外形成运用这种演算技巧的习惯之后，口算能力也会显著提高。

最后，祝大家学得开心愉快，越来越聪明。

目录
CONTENTS

第一章

激活你的大脑
——印度《吠陀经》里的乘法巧算

在加减乘除运算里面，乘法是让学生们最头疼的运算，因此在本书中，我们把乘法放到第一章，运用印度《吠陀经》十六箴言演化而来的各种运算规律和妙算方法详细解说。为了更加清晰地将乘法运算的技巧呈现，我们把内容分为几部分、举实例阐述，并附有练习题帮助理解和增强实际解题的能力。

第一部分 让乘法转起来——乘法的“快速”运算

说到乘法的速算，对于一位数乘以一位数的情况，我们可以通过背诵乘法口诀快速得出答案。可是有关两位数乘以两位数、三位数乘以三位数，以及更多位数之间乘法的情况，我们不可能全都一一背诵一遍。印度数学在这方面积累了丰富的经验，时下偶尔听到报道，印度又出现一个数学神童……且不说神童的真假与否，但这些速算方法的确是一绝。我们有必要认真学习借鉴。

 第一节 动脑筋找规律

遇到乘法运算我们一般都是利用列竖式的方法，这样的竖式是十分麻烦的。让我们看一看 23×27=？的情况。

对于这个乘法算式，其竖式计算过程如下：

$$\begin{array}{r} 23 \\ \times\ 27 \\ \hline 161 \\ 46 \\ \hline 621 \end{array}$$

在上面的计算过程中，我们的运算步骤是：

❶ 先用 23 乘以 7，把得出来的结果 161 在竖式的横线下面写出来；

❷ 然后用 23 乘以 2，写在 161 下面一行、右边空一个格的位置；

❸ 最后把两次乘得的数相加，即 161 和 46 按上下对应的位置相加，相加前空格处用“0”补足，

由此得出，23×27=621。

接下来我们看一看印度乘法速算法的计算过程：

23×27=621

❶ 被乘数和乘数个位上的两个数字 3 和 7 相乘，得出的结果是 21，把 21 放在最后结果的右边两位上，即 6(21)；

❷ 相同的两个十位数，其中的一个加上 1 和另外一个相乘，(2+1)×2，得出的结果 6，放在最后结果的左侧位置；

❸ 把左右依次排列得出的最后结果为 621。

这样运算速度提高了很多吧。

再让我们温习一下这种快速的计算方法：

85×85=7225

❶ 最后的结果的右边是 5 和 5 相乘得出的 25；

❷ 左边是 8 加上 1 和另外的一个 8 相乘得出 72；

❸ 左右两部分依次排列为 7225，这就是最后的结果。

运用公式进行下面的运算：

28×22=616

48×42=2016

51×59=3009

计算这些，心里不仅要产生一个疑问，像是 51 和 59 的乘积，其中被乘数和乘数个位上的两个数字 1 和 9 相乘得出的结果是 9，只有一位，这样就要在前面加上一个 0。

十位上的数字乘法不变，依旧是 5 加上 1 然后和另外一个 5 相乘得出 30。

这样最后的结果就是 3009。

最后在对下面的乘法运用速算法进行运算：

64×66=______　　37×33=______

88×82=______　　75×75=______

四个算式的结果依次为 4224，1221，7216，5625。

很多人都知道这个法则适用于 15×15，25×25，35×35，45×45，55×55 等。但是，它的应用其实很广。**这些算式都有一个共同的特征：那就是个位相加为 10，十位数相等。**

只有在满足这些特征的情况下，我们的速算法才能够发挥作用，满足这类条件的两位数乘法一共有 81 组：

11×19，12×18，13×17，14×16，15×15，21×29，22×28，23×27，…，91×99，92×98，93×97，94×96，95×95。

在交换了乘数和被乘数的位置后，算是另外的一组，这样一共是 90，把两个数相同的情况去掉，最后得出 81 组。

习题训练：

填空题

1. 15×15=□25　　2. 35×35=12□

3. 65×65=□25　　4. 75×75=□25

5. 95×95=□25　　6. 14×16=2□

7. 23×27=6□　　8. 38×32= 12□

9. 41×49=□09　　10. 56×54=□24

11. 62×68=□16　　12. 73×77=56□

13. 84×86=72□　　14. 92×98=90□

15. 95×95=□

答案：

1. 1×(1+1)=2；　2. 5×5=25；　3. 6×(6×7)= 42；

4. 7×(7+1)=56；　5. 9×(9+1)=90；　6. 4×6=24；

7. 3×7=21；　8. 8×2=16；　9. 4×(4+1)=20；

10. 5×(5+1)=30；　11. 6×(6+1)=42；　12. 3×7=21；

13. 4×6=24；　14. 2×8=16；

15. 9×(9+1)=90，5×5=25，最后结果为 9025。

规律分析

对于这个简单的规律，或许你的内心还存在着很多疑虑，个位相加等于10，十位数相同的乘法就可以这样快速的计算，这是什么原因呢？我们这样计算是否正确？

为了使大家能够形象的理解这个规律，我们下面运用 53×57 求长方形的面积为例来说明这个规律。

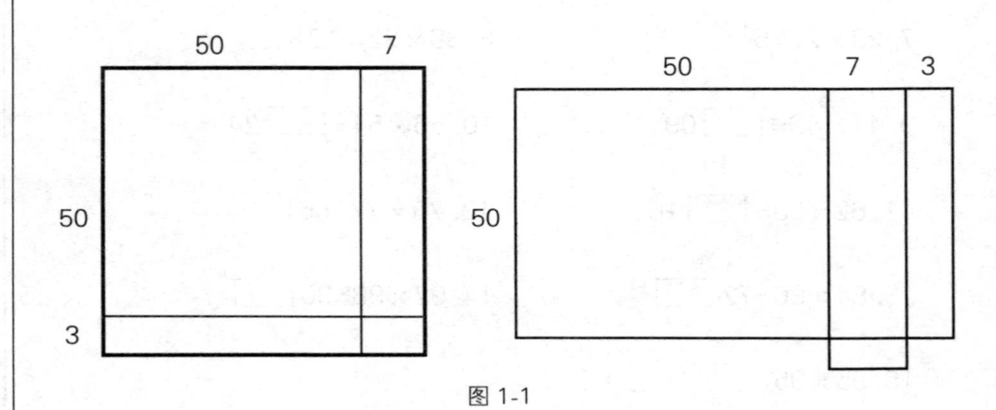

图 1-1

在不考虑长度单位的情况下，画一个长方形，使其长和宽分别为 57 和 53。顺着长方形的两条边截取一个边长为 50 的正方形。让我们把从宽边截取下来的窄条放到长边一侧，结果图形就变成了两部分，一部分是边长为长 60、宽 50 的大长方形，另一部分是长 7、宽 3 的小长方形，如图 1–1 所示。原来长方形的面积就是这一大一小两个长方形面积的和：

❶ 大长方形的面积：50×60=3000——这相当于两个十位数，其中一个加上 1，然后和另一个相乘；

❷ 小长方形的面积：3×7=21，这相当于两个个位数相乘；

❸ 原长方形的面积 =3000+21=3021 这相当于最后一步。

通过图形分析，我们很好的印证了印度数学速算法，这具有非凡的意义。

第二节 规律巧推广

通过第一节的学习，我们了解到了第一个印度数学的速算规律——十位数相同，个位数相加等于10。其实这个规律有着十分广泛的用途，下面就让我们看一看对这个规律进行推广。

首先就是三位数和三位数相乘的情况，此时是百位数与十位数相同，个位数的和是10。

比如说：

125×125，147×143

两个算式的百位数与十位数一个是12，另一个是14都相同，个位数的和5+5，7+3结果都是10。

先让我们用普通竖式计算：

```
    125
  × 125
  -----
    625
   250
  125
  -----
  15625
```

❶ 首先是125×5=625写到横线下的第一行；

❷ 然后是125×2=250，右边空一格写到625下面一行；

❸ 接着是125×1=125，右边比250在多空一格，写到250下面一行；

❹ 最后相加得出15625，

也就是说：125×125=15625。

$$
\begin{array}{r}
147 \\
\times\ 143 \\
\hline
441 \\
588 \\
147 \\
\hline
21021
\end{array}
$$

❶ 首先是 147×3=441，把结果写到横线下面；

❷ 然后是 147×4=588，在右边空一格，把结果写到 441 下面；

❸ 接着是 147×1=147，在比 588 多空一格，写到 588 下面；

❹ 最后相加得出 21021，

也就是说：147×143=21021。

不难看出过程相当复杂，看着让人头痛，如果是运用印度乘法速算法，我们再来看一看：

$$
\begin{array}{l}
\ \ 125 \\
\times 125 \\
\hline
12\times(12+1)\ \ 5\times 5 \\
\hline
\ \ 156 \qquad\quad 25
\end{array}
$$

把百位、十位相同的两个 12，其中一个加上 1，和另外一个相乘得出的结果是 156，再把个位相加得 10 的两个数相乘 5×5=25，所以最后的结果是 15625。

$$\begin{array}{r} 147 \\ \times\ 143 \\ \hline 14\times(14+1)\quad 3\times7 \\ \hline 210\qquad\quad 21 \end{array}$$

14×(14+1)=210，3×7=21，最后结果是 21021。

由此看来，我们上面得出的规律同样适用于三位数和三位数相乘的情况。

再有一个推广方面就是，十位数相同，个位数相加不等于 10 的情况。

就以 63×68 为例，普通的计算方式是：

$$\begin{array}{r} 63 \\ \times\ 68 \\ \hline 504 \\ 378\ \ \\ \hline 4284 \end{array}$$

用 8 和 63 相乘得出 504，然后再用 6 和 63 相乘得出 378，随后 504 和 378 两个数错位相加，得出最后的结果 4284，也就是说 63×68=4284。

对于这个算式，我们同样可以运用上面学过的速算方法。我们可以把 63 乘以 68 写成 63 乘以 (67+1)，根据速算方法，得出 63 乘以 67，得 4221，随后用 63 和 1 相乘，得数为 63，最后把 4221 和 63 两个乘积再相加，得出 4284。也就是说 63×68=4284。

63×68=63×(67+1)

$$
\begin{array}{l}
63 \times 68 \\
\hline
63 \times (67+1) \\
63 \times 67 + 63 \times 1 \\
4221 + 63 \\
\hline
4284
\end{array}
$$

所以 $63 \times 68 = 4284$。

这样的方法同样适用于

46×45

我们可以把上面的算式分解为两组：

$46 \times (44+1)$ 或者是 $(45+1) \times 45$。

具体的计算过程如下：

$$
\begin{aligned}
& 46 \times (44+1) \\
& = 46 \times 44 + 46 \times 1 \\
& = 2024 + 46 \\
& = 2070
\end{aligned}
$$

$$
\begin{aligned}
& (45+1) \times 45 \\
& = 45 \times 45 + 1 \times 45 \\
& = 2025 + 45 \\
& = 2070
\end{aligned}
$$

其实许多数的乘法都可以运用这个速算方法，为了让大家能够牢记具体的运用过程，我们在以 78×74 和 38×36 为例在进行一次描述。

$$\begin{array}{l} \quad 78 \\ \times\ 74 \\ \hline 78\times(72+2) \\ 78\times72+78\times2 \\ 5616+156 \\ \hline 5772 \end{array}$$

或者是

$$\begin{array}{l} \quad 78 \\ \times 74 \\ \hline (76+2)\times74 \\ 76\times74+2\times74 \\ 5624+148 \\ \hline 5772 \end{array}$$

而 38×36 的计算可以简化为：

$$\begin{array}{l} \quad 38 \\ \times 36 \\ \hline 38\times(32+4) \\ 38\times32+38\times4 \\ 1216+152 \\ \hline 1368 \end{array}$$

或者是

$$\begin{array}{l} \quad 38 \\ \times 36 \\ \hline (34+4)\times36 \\ 34\times36+4\times36 \\ 1224+144 \\ \hline 1368 \end{array}$$

当然，这样的方法同样适用于三位数和三位数相乘的情况，比如 114×117。

$$\begin{aligned} &114\times117 \\ &=114\times(116+1) \\ &=(113+1)\times117 \end{aligned}$$

也就是

$$\begin{array}{r} 114 \\ \times\ 117 \\ \hline 114\times(116+1) \\ 114\times116+114\times1 \\ 13224+114 \\ \hline 13338 \end{array}$$

或者是

$$\begin{array}{r} 114 \\ \times\ 117 \\ \hline (113+1)\times117 \\ 113\times117+1\times117 \\ 13221+117 \\ \hline 13338 \end{array}$$

也就是说 $114\times117=13338$。

截止到目前，我们只是说百位数和十位数相同，个位两数相加大于10的情况。那么在百位数和十位数相同，个位两数相加小于 10 时，我们应当怎么办呢?

比如说：63×66，十位数相同，个位数相加比 10 小。

这同样可以运用速算法。

$63\times66=63\times(67-1)=4221-63=4158$。

让我们多举些例子熟悉一下这种运算方法：

$37\times32=37\times(33-1)=1221-37=1184$

或 $37\times32=(38-1)\times32=1216-32=1184$

$44\times43=44\times(46-3)=2024-132=1892$

或 $44\times43=(47-3)\times43=2021-129=1892$

$72\times76=72\times(78-2)=5616-144=5472$

或 $72\times76=(74-2)\times76=5624-152=5472$

习题练习：（在圆圈里填上适当的数）

1. 115×115= 132 ○○　　2. 127×123= ○○○ 21

3. 134×136=1882 ○○　　4. 148×142= ○○○ 16

5. 155×155= ○○○ 25　　6. 191×199= 380 ○○

7. 184×186= ○○○ 24　　8. 111×119=132 ○○

9. 35×36=35×(○○ + ○)　　10. 48×45=45× ○○ + ○ ×45

11. 59×53=59×(○○ + ○)　　12. 77×75=(○○ + ○)×75

13. 158×155=158×(○○○ + ○)

14. 167×164= ○○○ ×164+ ○ ×164

15. 17×12=17× ○○ − ○ ×17　　16. 22×26= ○○ ×26− ○ ×26

17. 44×43=44× ○○ − ○ ×44　　18. 62×66= ○○ ×66− ○ ×66

19. 134×135=134× ○○○ − ○ ×134

20. 165×164= ○○○ ×164− ○ ×164

答案：

1. 5×5=25；　　2. 12×(12+1)=156；　　3. 4×6=24；

4. 14×(14+1)=210；　　5. 15×(15+1)=240；　　6. 1×9=09；

7. 18×(18+1)=342；　　8. 1×9=09；　　9. 35　1；

10. 45　3；　　11. 51　2；　　12. 75　2；

13. 152　3；　　14. 166　1；　　15. 13　1；

16. 24　2；　　17. 46　3；　　18. 64　2；

19. 136　1；　　20. 166　1。

第三节 神奇的 11

上面学的乘法速算很精彩，并且都是隶属于同一类，前面的相同，后面一位相加等于十，我们下面要说的是另外一类，那就是有一个乘数是 11 的情况。

对于和 11 相乘的有关速算方法，大家一定不会陌生。可是具体熟悉到什么样的程度，还有待我们去考核。针对 24×11 这个算式，你是否可以不用纸笔，而是通过口算得出正确的结果？计算完上面的算式，还有 126×11、3246×11 的情况呢？

且不说你掌握的方法如何，让我们先用普通计算方法来计算下面的算式，看一看你要用多长时间计算完成：

1. $12\times11=$__________ 2. $24\times11=$__________

3. $38\times11=$__________ 4. $46\times11=$__________

5. $67\times11=$__________ 6. $89\times11=$__________

然后是：

1. $112\times11=$__________ 2. $125\times11=$__________

3. $248\times11=$__________ 4. $384\times11=$__________

5. $456\times11=$__________ 6. $978\times11=$__________

另外还有：

1. $1234\times11=$__________ 2. $4567\times11=$__________

3. $3726\times11=$__________

记录下自己计算的结果和所用的时间。然后利用我们的速算方法，同样进行这些计算，看一看是不是提高了很多倍。

就以 12×11 为例：

$$
\begin{array}{r}
12 \\
\times 11 \\
\hline
12 \\
12 \\
\hline
132
\end{array}
$$

这是普通计算竖式，首先是 12 和 1 相乘得出的结果 12 写在横线的下面，接下来是是 12 和另外一个 1 相乘得出的结果是 12，右边空一格写在上一个 12 的下面，最后把两个 12 错位相加得出结果是 132，也就是

12×11=132。

利用速算方法计算 12×11=？

❶ 首先把 12 拆分成 1 和 2，并且在中间空出一个空位，

1 ○ 2

❷ 接下来，计算 1+2=3，并且把 3 写在 1 和 2 的中间空位上，这就是 12 和 11 相乘最终的结果，也就是

12×11=132。

让我们再次温习一下这种方法，例如 24×11。

❶ 把 24 拆分成 2 和 4，在中间留出一个空位，

2 ○ 4

❷ 随后求出 2+4=6，把 6 写入 2 和 4 中间的空位，也就是

24×11=264。

还有 38×11。

❶ 把 38 拆分成 3 和 8，中间预留出一个空位，

3 ○ 8

❷ 接下来把 3+8=11 的结果写入中间的空位，因为 11 是个两位数，而中间的空位只有一位，所以最左面的 3 要进一位，变成 4，这样最后的结果就是 418。

也就是 38×11=418。

形象一些的表述就是“拉向两边，和放中间。”其实这样的方法不仅适用于两位数和 11 相乘的情况，同样适用于多位数和 11 相乘的情况。

比如，112×11=？，正常情况下：

$$\begin{array}{r} 112 \\ \times 11 \\ \hline 112 \\ 112 \\ \hline 1232 \end{array}$$

用 112 分别和两个 1 相乘得出的结果是错一位相加，得出 1232，

也就是 112×11=1232。

利用速算法：

❶ 把 112 的最左边的 1 和最右边的 2 拉向两边，中间空出两个空位，

1 ○○ 2

❷ 随后分别求出 1+1=2 与 1+2=3，并且把得出的 2 和 3 放入中间的两个空位，得到 1232。

也就是 112×11=1232。

再比如，125×11=？

❶ 把 125 百位上的 1 和个位上的 5 拉向两边，中间空余出两个数位，

1 ○○ 5

❷ 接着分别求出 1+2=3、2+5=7，随后把得出的 3 和 7 分别放入两个空位，得出 1375。

也就是说 125×11=1375。

还有四位数和 11 相乘的情况，比如，1234×11=？

❶ 把 1234 千位上的 1 和个位上的 4 向两边拉开，中间空余出三个位置，

1 ○○○ 4

❷ 随后分别求出 1+2=3、2+3=5、3+4=7，把 3、5、7 放入中间三个空位，得出 13574。

也就是说 1234×11=13574。

再比如，4567×11=？

❶ 把 4567 千位上的 4 和个位上的 7 拉向两边，中间空出三个位置，

4 ○○○ 7

❷ 分别求出 4+5=9、5+6=11、6+7=13，得出的是 4(9)(11)(13)7，其中 13 向前进 1 剩余 3,11 得到进来的 1 变为 12 同样要向前进 1 剩余 2,9 得到进来的 1 变为 10，向前进 1 得到 0，最后的结果是 50237。

也就是说 4567×11=50237。

五位数和 11 相乘的情况相同，以 12345×11=？为例：

❶ 把 12345 万位上的 1 和个位上的 5 拉向两边，中间空出 4 格，

1 ○○○○ 5

❷ 随后分别求出 1+2=3、2+3=5、3+4=7、4+5=9，把 3、5、7、9 放入四个空位，得出 135795。

也就是说 12345×11=135795。

最后总结得出，两个数相乘，其中一个乘数是 11 的情况下：

把 11 之外的另一个乘数的首位和末位拉向两边，中间预留出几个空位；

随后把这个乘数各个位上的数字分别相加，并且把它们的结果一次填写到预留的空位上，这样得出的就是最后结果。

掌握了我们速算方法后，再次对开始的算式进行计时计算，看一看可以节省出多少时间？随后做一做下面的练习，巩固一下我们的所学。

习题：

1. 在圆圈里填上适当的数。

(1)15×11=1 ○ 5　　(2)45×11= ○ 9 ○

(3)76×11= ○○ 6　　(4)97×11= ○○○ 7

2. 填空题

(1)145×11=________　　(2)237×11=________

(3)623×11=________　　(4)1437×11=________

(5)2671×11=________　　(6)13428×11=________

答案：

1. (1) 圆圈里应当是 1 和 5 的和，也就是 6；

   (2) 前后分别是 4 和 5；

   (3) 因为 7+6=13，所以中间应当是 3，首位原本是 7，再加上进来的 1 结果为 8，所以最后应当是 8 和 3；

   (4) 和上题一样，9+7=16，最后结果应当是 1、0 和 6。

2. (1) 利用速算法，把 1 和 5 拉向两边，中间留两个空位，1 ◯◯ 5，随后求出 1+4=5、4+5=9，把 5 和 9 分别放入中间两个空位，得出最后的结果是 1559；

   (2) 把 2 和 7 拉向两边，中间留出两个空位，2 ◯◯ 7，随后求出 2+3=5、3+7=10，得出最后的结果为 2607；

   (3) 把 6 和 3 拉向两侧，中间留出两个空位，6 ◯◯ 3，随后求出 6+2=8、2+3=5，得出最后结果是 6853；

   (4) 把 1 和 7 拉向两边，中间留出三个空位，1 ◯◯◯ 7，随后求出 1+4=5、4+3=7、3+7=10，得出最后结果为 15807；

   (5) 把 2 和 1 拉向两边，中间留出三个空位 2 ◯◯◯ 1，随后求出 2+6=8、6+7=13、7+1=8，得出最后结果是 29381；

   (6) 把 1 和 8 拉开，中间留出四个空位，1 ◯◯◯◯ 8，随后求出，1+3=4、 3+4=7、4+2=6、2+8=10，得出最后结果是 147708。

第四节 两位数乘法的另类规律

我们下面讲的速算方法同样适用于十位数相同的两位数，不过这里的个位数可以是任意数，计算过程和上面讲的有些不同。

方法一：首先，被乘数与乘数个位上的数相加，得出的和与十位的整十数相乘（这里的整十数取值为：11 到 19 段为 10；21 到 29 为 20；31 到 39 为 30……）；

其次，两个个位数相乘；

最后，把前两步得出的结果相加，这就是最终的答案。

我们就以 $14\times12=?$ 为例：

❶ 首先，14 与 12 的个位数 2 相加，结果和十位的整十数 10 相乘，得

$(14+2)\times10=160$；

❷ 其次，两个个位数 4 和 2 相乘，得

$4\times2=8$。

最后的结果就是 $160+8=168$，也就是说，

$14\times12=168$。

接下来，再让我们看一看 21 到 29 段的。比如 $23\times29=?$

❶ 首先，23 加上 29 的个位数 9，结果和十位的整十数 20 相乘，

$(23+9)\times20=640$；

❷ 其次，两个个位数相乘，得

$3\times9=27$。

最后的结果就是 $640+27=667$，也就是说，

$23\times29=667$。

再比如 31 到 39 段位里的 $36\times38=?$

❶ 首先，36 与 38 个位上的数字 8 相加，结果和十位的整十数相乘，得

$(36+8)\times30=1320$；

❷ 其次，两个数的个位数相乘，得

$6\times8=48$。

最后的结果就是 $1320+48=1368$，也就是说，

$$36\times38=1368。$$

对于这个速算原理，我们同样可以利用几何图形进行解释。

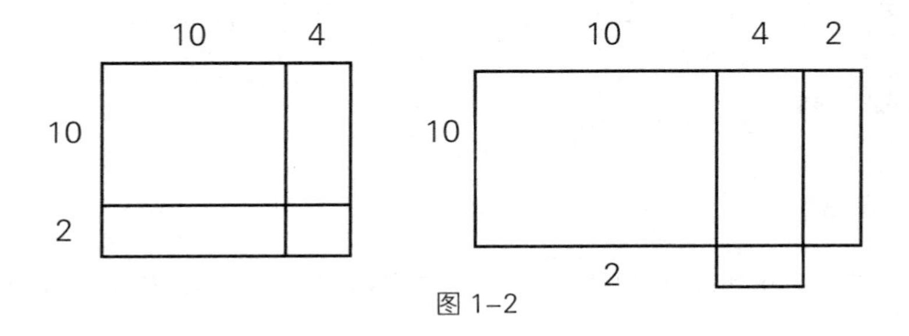

图 1–2

就拿 14×12 来说吧，

如图 1–2 所示，我们把宽为 2 的长方形转到了 14 的长边上，原来长和宽分别为 14 和 12 的长方形，变成了现在的长和宽分为 14+2 和 10 的大正方形和长和宽分别为 4 和 2 的小长方形，两个图形的面积是相等的：

新图形中大长方形面积：$(14+2)\times10=160$；

新图形中小长方形面积：$4\times2=8$；

原来图形的面积等于两个面积的和，即 $160+8=168$。

这就十分形象地说明了我们上面的速算方法。

为了增强记忆力，请大家运用速算法对下面的算式进行计算。

习题：

1. $11\times17=$______　　2. $12\times14=$______

3. $17\times18=$______　　4. $24\times23=$______

5. $37\times38=$______　　6. $42\times43=$______

7. $54\times55=$______　　8. $61\times66=$______

9. $92\times94=$______

答案：

1. 计算此题，运用神奇的 11 中学到的方法可能会更加简便，把乘数 17 中的 1 和 7 拉向两边，中间空出一个空位，随后把 1+7 得出的结果 8 放在中间的空位上，最后结果就是 187。而运用这里学的方法，那就是两者得出的结果一致，$(11+7)\times10+(1\times7)=180+7=187$。

2. $(12+4)\times10+2\times4=160+8=168$；

3. $(17+8)\times10+7\times8=250+56=306$；

4. $(24+3)\times20+3\times4=540+12=552$；

5. $(37+8)\times30+7\times8=1350+56=1406$；

6. $(42+3)\times40+2\times3=1800+6=1806$；

7. $(54+5)\times50+4\times5=2950+20=2970$；

8. $(61+6)\times60+1\times6=4020+6=4026$；

9. $(92+4)\times90+2\times4=8640+8=8648$。

方法二：首先，两个十位数的整十数相乘；其次，两个数个位数相加，得出的结果和整十数相乘；接着是两个个位数相乘。最后把三个结果相加就可以了。

同样用 $14\times12=?$ 举例说明。

❶ 首先，$10\times10=100$；

❷ 其次，$(4+2)\times10=60$；

❸ 接着，$4\times2=8$，最后

$100+60+8=168$。

原理的图形解释为：

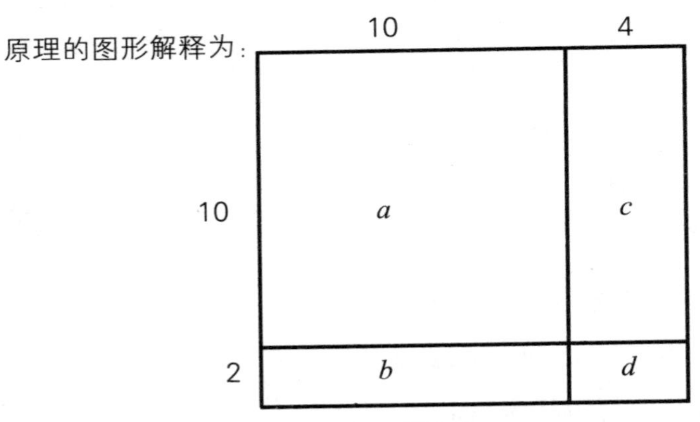

图 1-3

把长为 14，宽为 12 的长方形划分成四个部分，具体如图 1–3 所示。这样长方形的面积就是图中四分部分的面积总和。

其中，a 为正方形，面积是 $10\times10=100$，这相当于速算法的第一步；

b 和 c 的面积和为 $(4+2)\times10=60$，这相当于速算法的第二步；

d 的面积为 $4\times2=8$，这相当于速算法第三步。

大长方形的面积为 $a+b+c+d=100+60+8=168$。

这就是最后的结果，整个过程和印度数学速算法完全相同。这就是一个很形象的印证。

对下面的算式进行计算，要求使用刚刚学习的速算法。

习题：

1. $18 \times 16=$__________
2. $12 \times 17=$__________
3. $22 \times 24=$__________
4. $32 \times 36=$__________
5. $44 \times 43=$__________
6. $71 \times 78=$__________

解答方法如下：

1. $10 \times 10+(8+6) \times 10+8 \times 6=100+140+48=288$；
2. $10 \times 10+(2+7) \times 10+2 \times 7=100+90+14=254$；
3. $20 \times 20+(2+4) \times 20+2 \times 4=400+120+8=528$；
4. $30 \times 30+(2+6) \times 30+2 \times 6=900+240+12=1152$；
5. $40 \times 40+(4+3) \times 40+4 \times 3=1600+280+12=1892$；
6. $70 \times 70+(1+8) \times 70+1 \times 8=4900+630+8=5538$。

第五节 玩转多位数

有关十位数相同的两位数速算法，我们学习了很多，大家可以斟酌情况，从中挑取最为简便的方法。我们接下来还要说一个三位数乘以三位数的特例，这个方法适用于100~110之间的所有三位数相乘。你或许会说，自己同样可以快速计算这个段位的乘法。那么不妨试一试。

准备好纸、笔、秒表，记录一下自己计算这些题目的耗时。

1. $102\times103=$__________ 2. $101\times108=$__________

3. $103\times106=$__________ 4. $104\times107=$__________

5. $105\times102=$__________ 6. $108\times109=$__________

7. $106\times106=$__________ 8. $109\times103=$__________

9. $101\times104=$__________

答案：

1. 10506； 2. 10908； 3. 10918； 4. 11128；

5. 10710； 6. 11772； 7. 11236； 8. 11227；

9. 10504。

看一看你计算正确的有几个，耗时多少？

我们使用普通的计算方法要在草稿纸上写好一阵子呢！可是印度人在这方面却有一眼出答案的本领，他们是如何做到呢？

就以 102×103=10506 为例，普通的计算过程如下：

$$
\begin{array}{r}
102 \\
\times 103 \\
\hline
306 \\
000 \\
+102 \\
\hline
10506
\end{array}
$$

我们先是用 102 和 103 个位上的 3 相乘，把得出的结果 306 写在竖式的下方；随后用 102 和 103 中间的 0 相乘，得出结果 000 向左空一位写在 306 的下方；接着用 102 和 103 中的 1 相乘，得出的结果 102 再向左空一位写在 000 下方；最后把三个结果垂直相加，空位用 0 来填补，得出最后的结果为 10506。

运用速算法就简便多了，我们以 103×106=10918 为例，计算过程如下：

❶ 用被乘数 103 和乘数的个位数 6 相加，得出

103+6=109；

❷ 用两个乘数的个位数相乘，得出

3×6=18；

❸ 把 18 直接写到 109 的后面，得出 10918，这就是最后的结果。也就是说

103×106=10918。

再比如 102×103=10506，速算过程如下：

❶ 用被乘数 102 和乘数的个位数 3 相加，得出

102+3=105；

❷ 用两个乘数的个位数字相乘，得出

2×3=6。

这里得出的结果，比 10 小，前面要补上一个 0；

❸ 把 06 写到 105 的后面，得出 10506，这就是我们要的计算结果。

也就是说 102×103=10506。

和前面的普通方法比较，是不是很省力呀，速度方面也可以提升不少。

让我们对这个方法进行一下总结：针对 100~110 之间的整数乘法，其速算步骤是，首先，被乘数加上乘数的个位数；其次让两个数的个位数相乘；最后把后一步的结果直接写到前一步的结果后面就可以了。我们还可以把这样的速算方法推广至，四位数和四位数相乘的情况，当然也是一些 10··和 10··相乘的特例。

我们就以 1016×1014=？为例来加以说明。

普通的计算一定是相当麻烦了，计算起来一定十分耗费时间。可是运用速算方法，我们可以把里面的 16 和 14 看为一体，认为这就是三位数里面的个位数。具体步骤如下：

1016×1014=？

❶ 首先，1016+14=1030；

❷ 其次，16×14=224；

❸ 最后，把 244 写到 1030 后面，得出 1030224，就是我们要的结果。

我们可以使用普通的计算方法进行验证，会发现结果完全一致。接下来就让我们运用速算法，来对下面的算式进行计算。

习题：

1. $101\times107=$______　2. $102\times106=$______

3. $104\times108=$______　4. $107\times109=$______

5. $1012\times1017=$______　6. $1014\times1019=$______

答案：

1. $101+7=108$，$1\times7=7$，最后结果为 10807；

2. $102+6=108$，$2\times6=12$，最后结果为 10812；

3. $104+8=112$，$4\times8=32$，最后结果为 11232；

4. $107+9=116$，$7\times9=63$，最后结果为 11663；

5. $1012+17=1029$，$12\times17=204$，最后结果为 1029204；

6. $1014+19=1033$，$14\times19=266$，最后结果为 1033266。

第六节 奇妙的网格

还有一种学生非常喜欢使用的乘法速算方法，那就是网格法。

让我们看一看 $14\times16=?$ 的情况。

使用普通的方法列竖式为：

$$\begin{array}{r} 14 \\ \times\ 16 \\ \hline 84 \\ 14\ \ \\ \hline 224 \end{array}$$

接下来，我们运用网格法来进行计算。首先把 14 和 16 拆分成 10、4、10、6 四部分。并用下列的网格表示出来，如表 1–1 所示：

表 1–1

×	10	4
10	100	40
6	60	24

把网格表格第一行与第一列分别相乘，得出的结果放入网格表内。最后在把表内的四个数字相加，得出

$$100+40+60+24=224。$$

这和上面的计算结果一致。

又比如：12×14=？

我们运用网格计算如下，如表 1–2 所示：

表 1–2

×	10	2
10	100	20
4	40	8

把表中 100+20+40+8=168，于是

12×14=168。

还有 48×7=？的情况同样可以使用网格进行计算，具体如表 1–3 所示：

表 1–3

×	40	8
7	280	56

把里面的 280 和 56 相加得出 280+56=336，于是

48×7=336。

为了加深理解，我在这里留出一些习题供大家练习。

习题：

1. $98\times7=$________ 2. $56\times8=$________

3. $28\times36=$________ 4. $35\times47=$________

5. $78\times24=$________ 6. $37\times48=$________

7. $52\times91=$________ 8. $84\times63=$________

9. $19\times32=$________

答案：

1. 686； 2. 448； 3. 1008； 4. 1645； 5. 1872；

6. 1776； 7. 4732； 8. 5292； 9. 608。

第七节　接近 50，100，150，200 的数相乘

针对四个特殊的数，我们首先要从 100 入手，这个数字是特殊中的特例。两个接近 100 的数相乘，也有速算方法可循。这里就要以 100 作为基准数。比如算式

88×89=？

普通的计算方法是列乘法竖式：

$$\begin{array}{r} 88 \\ \times\ 89 \\ \hline 792 \\ +704\ \ \\ \hline 7832 \end{array}$$

这样计算式相当耗费时间的。接下来，让我们看一看下面的计算方法。

首先找到 88、89 两个数和基准数 100 的差，也就是 12 和 11，随后，写成下面的样式

$$\begin{array}{ll} 88 & -12 \\ 89 & -11 \\ \hline 77 & \ \ 132 \end{array}$$

最后得数是 7832。

具体过程是这样的：

❶ 分别找出 88、89 与基准数 100 的差，88−100=−12,89−100=−11；

❷ 写出上图中的竖式，交叉相加得出 (88−11) 或者是 (89−12)，得出的和都是 77，暂时放到最后结果的左边；

❸ 用 −12 和 −11 相乘，得出 (−12)×(−11)=132，把这个数放到最后结果的右边。最后得出由 77 / 132。

因为我们的基准数是 100，所以最右边只能有两个空位，这完全是基准数决定的。多余的数就要加到左边，这里多出来的就是 1。把其加到左边之后得出 77+1=78，于是最后的得数是 7832。

也就是说，我们可以使最左边的数 77 乘以基准数 100，然后和右边的数 132 相加，就可以得出最后的结果。

$$
\begin{aligned}
&77 / 132\\
=&77\times100+132\\
=&7700+132\\
=&7832
\end{aligned}
$$

使用同样的方法，对 92×76=？进行计算。

92	92−100
76	76−100
92	−8
76	−24

交叉相加得出 (92−24)=(76−8)=68, 得

$$\begin{array}{ll} 92 & -8 \\ 76 & -24 \\ \hline 68/ & \end{array}$$

然后，用 −8 和 −24 相乘得出 (−8)×(−24)=192。

$$\begin{array}{ll} 92 & -8 \\ 76 & -24 \\ \hline 68/ & 192 \end{array}$$

所以 $92\times76=68\times100+192$
$=6800+192$
$=6992$

我们上面说的都是比 100 小的情况，再让我们看一看比 100 大的情况。比如对 112×113=？进行计算，普通计算竖式是十分啰嗦的：

$$\begin{array}{r} 112 \\ \times113 \\ \hline 336 \\ 112 \\ +112 \\ \hline 12656 \end{array}$$

利用我们的速算法，

$$\begin{array}{ll} 112 & 112-100 \\ 113 & 113-100 \\ \hline \end{array}$$

也就是：

$$\begin{array}{ll} 112 & 12 \\ 113 & 13 \\ \hline \end{array}$$

交叉相加得出 112+13=113+12=125，得

$$\begin{array}{ll} 112 & 12 \\ 113 & 13 \\ \hline 125/ & \end{array}$$

往后把 12 和 13 相乘得出 12×13=156，得

$$\begin{array}{ll} 112 & 12 \\ 113 & 13 \\ \hline 125/ & 156 \end{array}$$

所以 $112\times113=125\times100+156$

$=12500+156$

$=12656$

结果和上面的计算结果相同，所以速算方法依然成立。最后得出结论如下：

两个接近100的数相乘，首先要找到两个数和100的差；随后写成特殊竖式，交叉相加求出结果写在最后结果左边；两个差相乘得出的结果写在最后结果右边；左边的数和基准数100相乘然后加上右边的数，最后得出我们要求的结果。

让我们通过下面的习题，曾强一下记忆。

习题：

1. $97\times83=$________ 2. $91\times98=$________

3. $94\times111=$________ 4. $98\times119=$________

5. $107\times115=$________ 6. $114\times121=$________

答案：

1.
```
97   -3
83   -17
----------
80/  51
```
所以 $97\times83=80\times100+51$
$=8000+51$
$=8051$

2.
```
91   -9
98   -2
----------
89/  18
```
所以 $91\times98=89\times100+18$
$=8900+18$
$=8918$

3.
```
94    -6
111    11
----------
105/  -66
```
所以 $94\times111=105\times100+(-66)$
$=10500-66$
$=10434$

下面我们就把计算过程省略掉了，直接揭示题目答案，希望大家自己把计算过程搞清楚。

4. 11662； 5. 12305； 6. 13794。

在掌握了和100接近的数相乘的规律后，再让我们看一看和50接近的数相乘的情况。两者的运算方式相同，只是在个别步骤上有些区别。先前的基准数是100，如今是50，它是用100除以2得来的，所以交叉相加后的结果也要除以2。

比如 64×62=？

我们在此就不再详细解说普通的计算过程了，直接进入速算方法。

我们可以把 64×62 写成

$$\begin{array}{ll} 64 & 64-50 \\ 62 & 62-50 \\ \hline \end{array}$$

也就是：

$$\begin{array}{ll} 64 & 14 \\ 62 & 12 \\ \hline 76/ & 168 \end{array}$$

所以 $64\times62=(76\times100)\div2+168$

$=7600\div2+168$

$=3800+168$

$=3968$

我们可以用普通竖式计算一下，两者结果相同。

在让我们看一看下面的计算:

48×53=？

可以写成:

$$\begin{array}{ll} 48 & 48-50 \\ 53 & 53-50 \\ \hline \end{array}$$

也就是

$$\begin{array}{ll} 48 & -2 \\ 53 & 3 \\ \hline 51/ & -6 \end{array}$$

所以 $48\times53=(51\times100)\div2+(-6)$

$=5100\div2-6$

$=2550-6$

$=2544$

再比如 **48×44=？**

可以写成:

$$\begin{array}{ll} 48 & 48-50 \\ 44 & 44-50 \\ \hline \end{array}$$

也就是

$$\begin{array}{ll} 48 & -2 \\ 44 & -6 \\ \hline 42/ & 12 \end{array}$$

所以 $48\times44=(42\times100)\div2+12$

$=4200\div2+12$

$=2100+12$

$=2112$

在此基础上，对下面的算式运用速算法进行计算。

习题：

1. $55\times43=$__________ 2. $46\times43=$__________

3. $57\times59=$__________ 4. $41\times46=$__________

5. $42\times52=$__________ 6. $53\times56=$__________

7. $47\times44=$__________ 8. $51\times64=$__________

9. $62\times63=$__________

答案：

1.

$$\begin{array}{ll} 55 & 5 \\ 43 & -7 \\ \hline 48/ & -35 \end{array}$$

所以 $55\times43=(48\times100)\div2+(-35)$

$=4800\div2-35$

$=2400-35$

$=2365$；

2.

$$\begin{array}{ll} 46 & -4 \\ 43 & -7 \\ \hline 39/ & 28 \end{array}$$

所以 $46\times43=(39\times100)\div2+28$

$=3900\div2+28$

$=1950+28$

$=1978$；

3.

57 7
59 9
66/ 63

所以 57×59=66×100÷2+63
=3300+63
=3363；

4.

41 −9
46 −4
37/ 36

所以 41×46=37×100÷2+36
=1886；

5.

42 −8
52 2
44/ −16

所以 42×52=44×100÷2−16
=2200−16
=2184；

6.

53 3
56 6
59/ 18

所以 53×56=59×100÷2+18
=2950+18
=2968；

7.

47 −3
44 −6
41/ 18

所以 47×44=41×100÷2+18
=2050+18
=2068；

8.

51 1
64 14
65/ 14

所以 51×64=65×100÷2+14
=3250+14
=3264；

9.

62 12
63 13
75/ 156

所以 62×63=75×100÷2+156
=3750+156
=3906。

知道了接近 50 的数相乘的速算方法，我们很容易就会想到接近 200 的数相乘的速算方法。

具体要掌握的就是：

第一，基准数依然是 100；

第二，两个乘数同时减去的应当是 200；

第三，因为 200 是 100 的 2 倍，所以，交叉相加得出的结果，也要乘以 2。

让我们举例说明。

比如 **203×211=?**

我们可以写成：

$$\begin{array}{ll} 203 & 203-200 \\ 211 & 211-200 \\ \hline \end{array}$$

也就是

$$\begin{array}{ll} 203 & 3 \\ 211 & 11 \\ \hline 214/ & 33 \end{array}$$

所以 $203\times211=(214\times100)\times2+33$

$=21400\times2+33$

$=42800+33$

$=42833$

让我们用普通的方法算一算：

$$\begin{array}{r} 203 \\ \times211 \\ \hline 203 \\ 203 \\ +406 \\ \hline 42833 \end{array}$$

两者结果一致。再比如

195×188=?

我们可以写成：

$$\begin{array}{ll} 195 & 195-200 \\ 188 & 188-200 \\ \hline \end{array}$$

也就是

$$\begin{array}{ll} 195 & -5 \\ 188 & -12 \\ \hline 183/ & 60 \end{array}$$

所以 $195 \times 188=(183 \times 100) \times 2+60$

$=18300 \times 2+60$

$=36600+60$

$=36660$

另外，**215×221=?**

我们可以写成：

$$\begin{array}{ll} 215 & 215-200 \\ 221 & 221-200 \\ \hline \end{array}$$

也就是

$$\begin{array}{ll} 215 & 15 \\ 221 & 21 \\ \hline 236/ & 315 \end{array}$$

所以 $215\times221=(236\times100)\times2+315$

$=23600\times2+315$

$=47200+315$

$=47515$

我们可以用普通计算方法在进行一次，比较一下两次的结果，一定是相等的。

习题：

1. $202\times204=$__________　　2. $209\times213=$__________

3. $198\times213=$__________　　4. $186\times199=$__________

5. $184\times221=$__________　　6. $221\times214=$__________

答案：

1.

```
202   202-200
204   204-200
```

也就是

```
202      2
204      4
-------------
206 /    8
```

所以 $202\times204=(206\times100)\times2+8$
$=20600\times2+8$
$=41200+8$
$=41208$；

2.

```
209   209-200
213   213-200
```

也就是

```
209      9
213     13
-------------
222/   117
```

所以 $209\times213=(222\times100)\times2+117$
$=22200\times2+117$
$=44400+117$
$=44517$；

3.

```
198    -2
213    13
-------------
211/  -26
```

所以 $198\times213=211\times100\times2-26$
$=42174$；

4.

```
186   -14
199    -1
-------------
185/   14
```

所以 $186\times199=185\times100\times2+14$
$=37014$；

5.

```
184    -16
221     21
-------------
205/  -336
```

所以 $184\times221=205\times100\times2-336$
$=40664$；

6.

```
221    21
214    14
-------------
235 / 294
```

所以 $221\times214=235\times100\times2+294$
$=47294$。

我们最后要说的是和 150 接近的数字相乘情况，根据上面 50 和 200 的情况，不难看出，150 为 100 的 1.5 倍，所以交叉相加的得数要在乘以基准数的同时还要和 1.5 相乘。

具体过程是：

第一，100 仍然是基准数；

第二，两个乘数同时减去的数是 150；

第三，交叉相加得出的结果和 1.5 相乘。

看一看下面的例题：

计算：**148×137=？**

我们可以写成：

$$\begin{array}{ll} 148 & 148-150 \\ 137 & 137-150 \\ \hline \end{array}$$

也就是

$$\begin{array}{ll} 148 & -2 \\ 137 & -13 \\ \hline 135/ & 26 \end{array}$$

所以 $148\times137=(135\times100)\times1.5+26$
$=13500\times3/2+26$
$=20250+26$
$=20276$

计算：**161×146=？**

我们可以写成：

$$\begin{array}{ll} 161 & 161-150 \\ 146 & 146-150 \\ \hline \end{array}$$

也就是

$$\begin{array}{ll} 161 & 11 \\ 146 & -4 \\ \hline 157 & -44 \end{array}$$

所以 $161 \times 146 = (157 \times 100) \times 1.5 + (-44)$

$= 15700 \times 1.5 - 44$

$= 23550 - 44$

$= 23506$

对于上面的结果，我们可以一一进行验算，不会有丝毫差错。

在清楚了具体的运算方法后，对下面的习题进行计算，要求运用我们上面学到的方法。

习题:

1. $142 \times 138 =$ ________　　2. $139 \times 158 =$ ________

3. $162 \times 153 =$ ________　　4. $162 \times 168 =$ ________

5. $136 \times 134 =$ ________　　6. $147 \times 166 =$ ________

答案：

1.

```
142   142-150
138   138-150
```

也就是

```
142   -8
138   -12
130/   96
```

所以 142×138 =(130×100)×1.5+196

=19500+96

=19596；

2.

```
139   -11
158    8
147 /  -88
```

所以 139×158 =147×100×1.5-88

=21962；

3.

```
162   12
153    3
165 /  36
```

所以 162×153 =165×100×1.5+36

=24786；

4.

```
162   12
168   18
180 /  216
```

所以 162×168 =180×100×1.5+216

=27216；

5.

```
136   -14
134   -16
120/   224
```

所以 136×134 =120×100×1.5+224

=18224；

6.

```
147   -3
166   16
163/  -48
```

所以 147×166=163×100×1.5-48

=24402。

如此看来，交叉相加后的乘数很重要，它直接决定了我们的速算公式。不难看出，这个乘数其实就是相接近的某个整数除以 100 的出来的。经过计算我们列出了下面的表格：

接近的整数	50	100	150	200	250	300	350	400	450
交叉相加后的乘数	$\frac{1}{2}$	1	$\frac{3}{2}$	2	$\frac{5}{2}$	3	$\frac{7}{2}$	4	$\frac{9}{2}$

其实这个基准数 100 也是可以变化的，我们可以用 10 或者 1000 替代。但是，变化后要相应的调整最后结果右边的位数，如果是是 10，右边就有 1 位；如果是 1000，右边就有 3 位。

我们接下来就分别说一说基准数为 10 和 1000 的情况。

首先是 10，让我们看一看

以 **$14 \times 7 = ?$** 为例进行说明。

我们可以把 14×7 写成：

$$\begin{array}{cc} 14 & 14-10 \\ \hline 7 & 7-10 \end{array}$$

也就是

$$\begin{array}{cc} 14 & 4 \\ 7 & -3 \\ \hline 11/ & -12 \end{array}$$

由此最后结果为：

$$\begin{aligned} & 11 \times 10 + (-12) \\ = & 110 - 12 \\ = & 98 \end{aligned}$$

再比如 **$8 \times 7 = ?$**

我们可以写成：

$$\begin{array}{cc} 8 & 8-10 \\ 7 & 7-10 \\ \hline \end{array}$$

也就是

$$\begin{array}{cc} 8 & -2 \\ 7 & -3 \\ \hline 5/ & 6 \end{array}$$

所以 $8 \times 7 = 5 \times 10 + 6$

$= 50 + 6$

$= 56$

当然像这样数字较小的情况，我们可以通过口算得出最后的结果，我们在这里之所以对速算方法进行说明，就是要进一步说一说10的整倍数的情况，比如20，30，40…

让我们看一看下面的计算：

1. $23 \times 24=$______；2. $32 \times 38=$______；3. $65 \times 61=$______。具体解答过

程如下：

1. 对于 23×24 我们可以写成：

$$\begin{array}{ll} 23 & 23-20 \\ 24 & 24-20 \\ \hline \end{array}$$

这里的减数应当为20

也就是

$$\begin{array}{ll} 23 & 3 \\ 24 & 4 \\ \hline 27/ & 12 \end{array}$$

接下来的步骤里，要注意，因为20是基准数10的2倍，所以在交叉相加得出的结果乘以基准数后，还要在和2相乘然后加上两个差相乘得出的结果。

所以，上面的计算应当是

$$27 \times 10 \times 2+12$$

所以 $23 \times 24=270 \times 2+12$

$=540+12$

$=552$

2. 32×38 可以被我们写成：

$$\begin{array}{ll} 32 & 32-30 \\ 38 & 38-30 \\ \hline \end{array}$$

这里的减数是 30，也就是

$$\begin{array}{ll} 32 & 2 \\ 38 & 8 \\ \hline 40\ / & 16 \end{array}$$

所以 $32 \times 38 = 40 \times 10 \times 3 + 16$

$= 1200 + 16 = 1216$

3. 有了前面的计算过程，对于 65×61 我们就不在担心了，它可以被我们写成：

$$\begin{array}{ll} 65 & 65-60 \\ 61 & 61-60 \\ \hline \end{array}$$

也就是

$$\begin{array}{ll} 65 & 5 \\ 61 & 1 \\ \hline 66/ & 5 \end{array}$$

所以 $65 \times 61 = 66 \times 10 \times 6 + 5$

$= 3960 + 5$

$= 3965$

由此我们的速算方法就覆盖了10，20，30，40，50，60，70，80，90，这里就不再一一细说了，希望大家自己对40，50，70，80，90的段位进行练习，以求熟练掌握这个方法。其实，在数目较小的情况下，速算方法很难显示出自己的优越性。可是对于数目较大的情况就不同了，我们会有种如鱼得水的感觉。我们下面要说的就是基准数为1000的情况。

计算下列各题：

① **984×992=**____________

② **978×1019=**____________

③ **1024×1016=**____________

如果运用普通的竖式进行计算，要写写画画好一阵子呢！但是运用速算法就不同了，在具体的步骤上我们要注意一点：**这里的基准数不再是100或者是10了，而是1000。**

比如上面的例题计算过程如下：

1. 984×992可以被我们写成

$$\begin{array}{ll} 984 & 984-1000 \\ 992 & 992-1000 \\ \hline \end{array}$$

也就是

$$\begin{array}{ll} 984 & -16 \\ 992 & -8 \\ \hline 976/ & 128 \end{array}$$

所以 $984 \times 992 = 976 \times 1000 + 128$

$= 976000 + 128$

$= 976128$

2. 978×1019 可以写成

$$\begin{array}{ll} 978 & 978-1000 \\ 1019 & 1019-1000 \\ \hline \end{array}$$

也就是

$$\begin{array}{ll} 978 & -22 \\ 1019 & 19 \\ \hline 997 / & -418 \end{array}$$

所以 $978 \times 1019 = 997 \times 1000 + (-418)$

$= 997000 - 418$

$= 996582$

3. 1024×1016 写成竖式形式就是

$$\begin{array}{ll} 1024 & 1024-1000 \\ 1016 & 1016-1000 \\ \hline \end{array}$$

也就是

$$\begin{array}{ll} 1024 & 24 \\ 1016 & 16 \\ \hline 1040/ & 384 \end{array}$$

所以$1024 \times 1016 = 1040 \times 1000 + 384$

$= 1040000 + 384$

$= 1040384$

根据基准数为1000的情况，我们可以推理出接近500的数字相乘的情况：

比如$488 \times 492 = ?$ 这里就要注意到以下几点：

第一，基准数仍然是1000，而不是500；

第二，减数要换成是500，不在是1000；

第三，交叉相乘后，要乘以1/2，因为500是1000的一半；

第四，右边的部分应当有三位，这是因为基准数是1000。

上面的计算，写成速算竖式应当是：

$$\begin{array}{ll} 488 & 488-500 \\ 492 & 492-500 \\ \hline \end{array}$$

也就是

$$\begin{array}{ll} 488 & -12 \\ 492 & -8 \\ \hline 480/ & 96 \end{array}$$

所以 $448\times492=480\times1000\times0.5+96$
$=240000+96$
$=240096$

另外还有接近 1500 的情况，基准数依然是 1000，减数是 1500，交叉相乘后还要乘以 1.5。

比如 1513×1507，利用速算法计算过程如下：

$$\begin{array}{ll} 1513 & 1513-1500 \\ 1507 & 1507-1500 \\ \hline \end{array}$$

也就是

$$\begin{array}{ll} 1513 & 13 \\ 1507 & 7 \\ \hline 1520\ / & 91 \end{array}$$

所以 $1513\times1507=1520\times1000\times1.5+91$
$=2280000+91$
$=2280091$

虽说数量的段位不同，可是运用的速算法基本一致，只是有些个别要注意的地方。为了加深大家的印象，请大家完成下面的习题。

习题：

1. $28\times32=$______ 2. $57\times52=$______

3. $68\times72=$______ 4. $521\times493=$______

5. $514\times531=$______ 6. $974\times983=$______

7. $971\times1014=$______ 8. $1024\times1018=$______

9. $1492\times1512=$______ 10. $1507\times1531=$______

11. $1979\times1992=$______ 12. $2014\times2021=$______

答案：

1. 896； 2. 2964； 3. 4896； 4. 256853；

5. 272934； 6. 957442； 7. 984594； 8. 1042432；

9. 2255904； 10. 2307217； 11. 3942168； 12. 4070294。

第二部分 趣味交叉算算看——乘法的交叉计算

针对乘法运算我们已经掌握了好多简易快捷的方法，可是它们都是对应比较特殊的情况。在面对两个普通的三位数、四位数或者五位数乘法时，我们应当怎么办呢？不要担心，本章的学习就是要帮助大家应对这样的情况。

第一节　两位数的交叉乘法

两位数 × 两位数

首先看一下 58×38 的普通计算方法：

$$\begin{array}{r} 58 \\ \times\ 38 \\ \hline 464 \\ 174 \\ \hline 2204 \end{array}$$

首先是用 58 和 8 相乘，得出 464 写在第一排，然后用 58 和 3 相乘得出 174，在右边空一位后，把其写在 464 的下面。然后相加得出最后结果是 2204，也就是说

58×38=2204。

为了提高运算速度，把一个速算公式告诉大家：

$$
\begin{array}{r}
A \quad B \\
\times \ C \quad D \\
\hline
AD \quad BD \\
AC \quad BC \qquad \\
\hline
AC/(AD+BC)/BD
\end{array}
$$

对于这个公式，学过代数的人都不会感到陌生，至于其在乘法中的应用，我们这就告诉大家。

仍以上面的 58×38 为例，让我们使用公式进行计算，公式里的 *ABCD* 分别为 5，8，3，8，那么根据公式：

$$
\begin{array}{l}
\quad 5 \quad 8 \\
\times\ 3 \quad 8 \\
\hline
\quad\ 40 \ \ 64 \\
15 \ \ 24 \\
\hline
15/(40+24)/64 \\
15/64/64 \\
=2204
\end{array}
$$

接下来，我们要对 15/64/64=2204 进行一下说明。

❶ 首先是从右边开始，把 4 写在个位上，6 单放；

❷ 接着把单放的 6 和 64 相加得出 70，然后把 0 写在十位上，7 单放；

❸ 最后把单放的 7 和 15 相加得出 22 放到百位和千位上；

也就是说

58×38=2204。

理解了其中的过程，让我们再根据公式

$$
\begin{array}{rr}
 & A \quad B \\
\times & C \quad D \\
\hline
 & AD \quad BD \\
AC \quad BC & \\
\hline
\multicolumn{2}{l}{AC/(AD+BC)/BD}
\end{array}
$$

进行下面的计算：

$$
\begin{array}{l}
\quad\quad 23 \\
\quad \times 36 \\
\hline
\quad 12 \quad 18 \\
6 \quad 9 \\
\hline
6/(12+9)/18 \\
6/21/18 \\
=828
\end{array}
$$

再比如：

$$
\begin{array}{l}
\quad\quad 69 \\
\quad \times 89 \\
\hline
\quad 54 \quad 81 \\
48 \quad 72 \\
\hline
48/(54+72)/81 \\
48/126/81 \\
=6141
\end{array}
$$

对于其中的过程我们再做一次详细的说明：

❶ 首先把右面的两个 9 相乘，得数是 81，留下 1，把 8 放一边；

❷ 然后把数字交叉相乘之后再把得出的结果相加 $6\times9+8\times9=126$，接着 126 还要和上面的 8 相加得出 134，留下 4，把 13 放到一边；

❸ 把左边的 6 和 8 相乘得数 48，用 48 和 13 相加得出 61，在把上面留下的 1 和 4 写到后面，得出最后结果为 6141。

也就是说

$69\times89=6141$。

把我们上面的说明做一下简化处理就是：

左 × 左 / 交叉相乘、相加 / 右 × 右

为了熟悉这个简易法则，让我们看一看下面的计算过程：

1.

$$\begin{array}{r} 47 \\ \times\quad 52 \\ \hline \end{array}$$

20/(35+8)/14

=2444

2.

$$\begin{array}{r} 37 \\ \times\quad 86 \\ \hline \end{array}$$

24/(56+18)/42

=3182

3.

$$\begin{array}{r} 82 \\ \times\quad 79 \\ \hline \end{array}$$

56/(14+72)/18

=6478

在熟练掌握了这个速算方法之后，完成下面的练习。

练习：

1. $\begin{array}{r} 12 \\ \times 24 \\ \hline \end{array}$

2. $\begin{array}{r} 23 \\ \times 37 \\ \hline \end{array}$

3. $\begin{array}{r} 48 \\ \times 59 \\ \hline \end{array}$

4. $\begin{array}{r} 61 \\ \times 82 \\ \hline \end{array}$

5. $\begin{array}{r} 93 \\ \times 34 \\ \hline \end{array}$

6. $\begin{array}{r} 87 \\ \times 29 \\ \hline \end{array}$

7. $\begin{array}{r} 64 \\ \times 44 \\ \hline \end{array}$

8. $\begin{array}{r} 38 \\ \times 62 \\ \hline \end{array}$

答案：

1.2/（4+4）/8 =288；

2.6/（9+14）/21=851；

3.20/（36+40）/72=2832；

4.48/（8+12）/2=5002；

5.27/（9+36）/12=3162；

6.16/（14+72）/63=2523；

7.24/（16+24）/16=2816；

8.18/（48+6）/16=2356。

三位数 × 两位数

上面说的是两位数乘两位数的情况，那么遇到三位数乘以两位数的情况，我们怎么办那?

传统的计算过程如下：

$$\begin{array}{r} 123 \\ \times 45 \\ \hline 615 \\ 492 \\ \hline 5535 \end{array}$$

在这里，我们就不在多加叙述了，毕竟大家已经很熟悉这样的乘法步骤了。那么运用我们的交叉相乘相加法是不是可以应对这样的情况呢?

$$\begin{array}{llll} & ABC & & \\ \times & DE & & \\ \hline & AE & BE & CE \\ AD & BD & CD & \\ \hline \multicolumn{4}{l}{AD/(AE+BD)/(BE+CD)/CE} \end{array}$$

里面用到了两次交叉计算，这是和两位数乘以两位数的区别之处。

其中的 $ABCDE$ 分别对应着上题中的 1，2，3，4，5，运用公式对上式进行计算就是：

$$\begin{array}{c} 123 \\ \times 45 \\ \hline 4/(8+5)/(10+12)/15 \end{array}$$

所以 $123 \times 45 = 5535$

对于其中的具体步骤，让我们进行一下详细解说：

❶ 从最右边开始，$3 \times 5=15$，把 5 留下，1 放到一边；

❷ 进行首个交叉相乘相加，$BE+CD=2 \times 5+3 \times 4=22$，用 22 和上次单放的 1 相加得出 23，把 3 留下，单放一个 2；

❸ 第二次交叉相乘相加，$AE+BD=1 \times 5+2 \times 4=13$，用 13 和上次单放的 2 相加得出 15，把 5 留下，1 单放；

❹ 最左边的 1 和 4 相乘，$1 \times 4=4$，用 4 和上次单放的 1 相加得出 5，最后结果就是 5535。

也就是 $123 \times 45=5535$。

简要描述就是：

左 × 左 / 二次交叉相乘相加 / 首次交叉相乘相加 / 右 × 右

对 456 × 23、789 × 56、147 × 52 运用交叉计算法进行计算：

$$\begin{array}{r} 456 \\ \times\ 23 \\ \hline 8/(10+12)/(12+15)/18 \end{array}$$

所以 $453 \times 23=10488$

$$\begin{array}{r} 789 \\ \times 56 \\ \hline 35/(40+42)/(45+48)/54 \end{array}$$

所以 $789 \times 56=44184$

$$\begin{array}{r} 147 \\ \times 52 \\ \hline 5/(20+2)/(8+35)/14 \end{array}$$

所以 $147 \times 52 = 7644$

在熟练掌握计算方法的同时完成下面的习题训练:

习题训练:

1. 151×21

2. 268×42

3. 482×59

4. 982×73

5. 215×37

6. 485×35

7. 842×67

8. 643×39

9. 821×74

10. 357×45

答案:

1. 3171; 2. 11256; 3. 28438; 4. 71686; 5. 7955;

6. 16975; 7. 56414; 8. 25077; 9. 60754; 10. 16065。

两位数 × 四位数

我们还是要先看一看传统乘法的运算，这主要是方便大家有一个对比性的了解过程。

$$
\begin{array}{r}
1234 \\
\times \quad 56 \\
\hline
7404 \\
6170 \\
\hline
69104
\end{array}
$$

再来让我们看一看交叉计算的公式:

$$
\begin{array}{lllll}
 & A & B & C & D \\
\times & & & E & F \\
\hline
 & AF & BF & CF & DF \\
AE & BE & CE & DE & \\
\hline
\multicolumn{5}{l}{AE/(AF+BE)/(BF+CE)/(CF+DE)/DF}
\end{array}
$$

里面经历了三次交叉计算。简便写法如下:

$$
\begin{array}{r}
A\ B\ C\ D \\
\times \quad E\ F \\
\hline
AE/(AF+BE)/(BF+CE)/(CF+DE)/DF
\end{array}
$$

运用到上面的计算就是:

$$
\begin{array}{r}
1234 \\
\times \quad 56 \\
\hline
5/(10+6)/(15+12)/(20+18)/24
\end{array}
$$

所以 $1234 \times 56 = 69104$

具体说明如下：

❶ 右边的 $4\times6=24$，留下 4，把 2 放到一边；

❷ 进行首次交叉相乘相加，$3\times6+4\times5=38$，用 38 和上面的 2 相加得出 40，留下 0，把 4 放到一边；

❸ 进行第二次交叉相乘相加，$2\times6+3\times5=27$，用 27 和上面的 4 相加得出 31，留下 1，把 3 放到一边；

❹ 进行第三次交叉相乘相加，$1\times6+2\times5=16$，用 16 和上面的 3 相加得出 19，留下 9、把 1 放到一边；

❺ 左边两个 $1\times5=5$，用 5 和上面的 1 相加得出 6，最后结果是 69104。

也就是说

$1234\times56=69104$。

方法简述如下：

左 × 左 / 三次交叉相乘相加 / 二次交叉相乘相加 / 首次交叉相乘相加 / 右 × 右

根据简述，我们在对下面的例题进行计算：

$$
\begin{array}{r}
2873 \\
\times \quad 67 \\
\hline
12/(48+14)/(42+56)/(18+49)/21
\end{array}
$$

所以 $2873\times67=192491$

$$\begin{array}{r} 6819 \\ \times \quad 68 \\ \hline 36/(48+48)/(6+64)/(54+8)/72 \end{array}$$

所以6819×68=463692

在熟练的掌握了所学方法之后，运用所学方法，对下面的算式进行计算：

练习：

1\. 1598×25=________　　2. 2467×64 =________

3\. 6872×47=________　　4. 1985×92=________

5\. 3176×19=________　　6. 2976×28=________

7\. 6239×57=________　　8. 9132×81=________

答案：

1\. 39950；　2. 157888；　3. 322984；　4. 182620；

5\. 60344；　6. 83328；　7. 355623；　8. 739692。

两位数 × 五位数

经过了上面对两位数 × 两位数、三位数 × 两位数、四位数 × 两位数的交叉乘法相加进行学习，我们了解到，被乘数每增加一位，交叉相乘相加就会增加一组，因此，五位数 × 两位数里的交叉相乘相加就会比四位数 × 两位数里的多出一组。

$$
\begin{array}{r}
A\ B\ C\ D\ E \\
\times \quad F\ G \\
\hline
AG\quad BG\quad CG\quad DG\quad EG \\
AF\quad BF\quad CF\quad DF\quad EF\qquad \\
\hline
AF/(AG+BF)/(BG+CF)/(CG+DF)/(DG+EF)/EG
\end{array}
$$

比如，12345×67、37421×27、87641×34 运用交叉法会更为简便：

$$
\begin{array}{r}
12345 \\
\times \quad 67 \\
\hline
6/(12+7)/(14+18)/(24+21)/(30+28)/35
\end{array}
$$

所以 12345×67=827115

$$
\begin{array}{r}
37421 \\
\times \quad 27 \\
\hline
6/(14+21)/(49+8)/(28+4)/(2+14)/7
\end{array}
$$

所以 37421×27=1010367

$$
\begin{array}{r}
87641 \\
\times \quad 34 \\
\hline
24/(32+21)/(18+28)/(12+24)/(3+16)/4
\end{array}
$$

所以 87641×34=2979794

随后请大家用心完成下面的习题：

1. $26731\times51=$________　　2. $35764\times32=$________

3. $64281\times58=$________　　4. $64189\times92=$________

5. $84321\times79=$________　　6. $84267\times96=$________

答案：

1. 1363281；　2. 1144448；　3. 3728298；

4. 5905388；　5. 6661359；　6. 8089632。

第二节　三位数的交叉乘法

三位数 × 三位数

我们前面学习了两位数的交叉乘法，通过学习，我们掌握了两位数与所有位数交叉相乘的方法。接下来，我们要说的是三位数和三位数交叉相乘的方法。

大家先来看一看普通竖式计算法：

$$\begin{array}{r} 123 \\ \times 456 \\ \hline 738 \\ 615 \\ 492 \\ \hline 56088 \end{array}$$

第一步，用 123 和 6 相乘，把乘积 738 写在第一行；

第二步，用 123 和 5 相乘，把乘积 615 在右边空一位写在 738 的下面；

第三步，用 123 和 4 相乘，把乘积 492 在右边空两位后写在 615 下面；

第四步，上下对应位置相加，得出最后结果为 56088。

也就是说 123×456=56088。

把其换成相应的字母：

$$
\begin{array}{rrrrr}
 & & A & B & C \\
\times & & D & E & F \\
\hline
 & & AF & BF & CF \\
 & AE & BE & CE & \\
AD & BD & CD & & \\
\hline
\multicolumn{5}{l}{AD/(AE+BD)/(AF+BE+CD)/(BF+CE)/CF}
\end{array}
$$

和两位数的交叉乘法比较，里面多出一个三个积相加的情况，我们称其为进阶交叉计算法。

我们再以 267×168、649×342、189×436 为例，练习对交叉计算的应用。

$$
\begin{array}{r}
267 \\
\times 168 \\
\hline
2/(6+12)/(16+7+36)/(42+48)/56
\end{array}
$$

所以 267×168=44856

$$\begin{array}{r} 649 \\ \times 342 \\ \hline 18/(24+12)/(27+12+16)/(8+36)/18 \end{array}$$

所以 $649 \times 342=221958$

$$\begin{array}{r} 189 \\ \times 436 \\ \hline 4/(32+3)/(6+36+24)/(27+48)/54 \end{array}$$

所以 $189 \times 436=82404$

在熟练掌握三位数乘以三位数的交叉计算之后，完成下面的习题：

1. $358 \times 952=$__________　　2. $276 \times 831=$__________

3. $729 \times 618=$__________　　4. $168 \times 297=$__________

5. $608 \times 917=$__________　　6. $586 \times 421=$__________

答案：

1. 340816；　　2. 229356；　　3. 450522；

4. 49896；　　5. 557536；　　6. 246706。

四位数 × 三位数

看了三位数相乘的情况，对于四位数和三位数相乘的情况，我们自然不会陌生了。

$$
\begin{array}{r}
A \quad B \quad C \quad D \\
\times \quad E \quad F \quad G \\
\hline
AG \quad BG \quad CG \quad DG \\
AF \quad BF \quad CF \quad DF \quad \\
AE \quad BE \quad CE \quad DE \quad \quad \\
\hline
\end{array}
$$

$AE/(AF+BE)/(AG+BF+CE)/(BG+CF+DE)/(CG+DF)/DG$

里面存在两个进阶交叉计算。

公式的实际运用如下：

$$
\begin{array}{r}
1234 \\
\times \ 567 \\
\hline
\end{array}
$$

5/(6+10)/(7+12+15)/(20+14+18)/(21+24)/28

所以 1234×567=699678

$$
\begin{array}{r}
2764 \\
\times \ 385 \\
\hline
\end{array}
$$

6/(16+21)/(10+56+18)/(35+48+12)/(30+32/20)

所以 2964×385=1064140

$$
\begin{array}{r}
9246 \\
\times \ 732 \\
\hline
\end{array}
$$

63/(27+14)/(18+6+28)/(42+4+12)/(8+18)/12

所以 9246×732=6768072

习题：

1. 7684×258=________ 2. 6842×367=________

3. 5430×729=________ 4. 6482×193=________

5. 8426×287=________ 6. 9173×248=________

7. 3916×107=________ 8. 4761×283=________

9. 5843×719=________ 10. 9728×386=________

11. 2973×482=________ 12. 1987×692=________

13. 2918×604=________ 14. 3186×724=________

15. 7498×321=________ 16. 1580×213=________

答案：

1. 1982472； 2. 2511014； 3. 3958470； 4. 1251026；

5. 2418262； 6. 2274904； 7. 419012； 8. 1347363；

9. 4201117； 10. 3755008； 11. 1432986； 12. 1375004；

13. 1762472； 14. 2306664； 15. 2406858； 16. 336540。

第三部分　小肚子里的算盘——乘法口算法

第一节　定位求积

小数乘法的口算方法和整数相同。也就是说 625×8 和 6.25×8 的计算过程是一样的，不过我们可以通过定位法把答案确定下来，前者的答案为5000，后者的答案为 50。对于定位求积的方法，我们有必要熟练掌握。

可是在此之前，我们先要掌握下面的概念。

数的位数

针对数的位数，我们如何给予确定呢？

我们主要分出了几种情况：

第一，大于等于 1 的数，包括整数和带小数。

对于这类数，数的位数主要依靠整数部分的数确定。整数部分有几位数就叫做正几位数。

例如，

2，2.6，3.08，4.67，9.0001，5.91，6.79　这些都是正一位数；

12，24，38.12，47.01，97.005，87.65，98.41　这些都是正两位数；

123，198.4，208.921，628.001，798.12，471.89　这些都是正三位数。

与之相对的就是第二种，小于 1 的数，也就是我们常说的纯小数。这类数位数的确定是根据小数点之后第一个非 0 数前 0 的个数，有几个 0 就叫做负几位数，没有 0 就叫做零位数。

比如，

0.4，0.9，0.38，0.198，0.967，0.472，0.168 这些都是零位数；

0.08，0.017，0.042，0.036，0.0197，0.0591 这些都是负一位数；

0.009，0.0015，0.0097，0.0046，0.0072，0.0061 这些都是负两位数；

0.0007，0.00018，0.00049，0.00061，0.00097 这些都是负三位数。

之后的以此类推。

公式定位法

注意观察下面的乘法等式：

7×8=56，　　　　1+1=2(位)

6×9=54，　　　　1+1=2(位)

两个乘数的位数相加就可以得出积的位数。

2×4=8，　　　　1+1−1=1(位)

1×9=9，　　　　1+1−1=1(位)

两个乘数的位数相加再减去 1 就是积的位数。

这就是我们常说的积的定位公式。我们用 a 代表被乘数、b 代表乘数，那么积的位数就等于 $a+b$ 或者 $a+b-1$。

我们在什么样的情况下选择 $a+b$，在什么情况下选择 $a+b-1$ 呢？我们这里主要分出了几种情况：

第一，在两个乘数的首位相乘出现进位，积的位数为两个乘数位数之和，也就是

$$a+b$$

我们以 2.3×5，4×35.8，0.5×0.36 为例。

我们先要把上面的计算看成是 23×5，4×358，5×36，结果分别为 115、1432、180。

随后根据定位法则，2.3×5 的两个乘数位数都是 1 位，并且首位的乘积 2×5=10 是进位的，所以积的位数是 1+1=2(位)，也就是说 2.3×5=11.5；4×35.8 的两个乘数位数分别为 1 位和 2 位，另外就是首位的乘积 4×3=12 是进位的，所以，积的位数是 1+2=3，也就是说 4×35.8=143.2；5×36 两个乘数的位数分别为 1 位和 2 位，首位乘积 5×3=15 是进位的，所以积的位数为 3 位，也就是说 5×36=180。

第二，两个乘数的首位相乘，没有进位，可是后面的运算会影响到进位，积的位数同样为两个乘数位数的和，也就是

$$a+b$$

比如，3.2×35，0.47×2.3，1.4×7.9，我们可以把它们看成是 32×35，47×23，14×79 利用口算法计算出答案分别为 1120，1081，1106，随后，我们可以通过确定积的位数来得出确切的积。

3.2×35 两个乘数的位数分别是 1 位和 2 位，首位 3×3 相乘会在次位 2×5 相乘的影响下产生进位，积的位数为 1+2=3，也就是

$$3.2\times35=112$$

0.47×2.3 两个乘数的位数分别为 0 位和 1 位，首位 4×2 会在次位 3×7 的影响下产生进位，积的位数为 0+1=1(位)，也就是

$$0.47\times2.3=1.081$$

1.4×7.9 两个乘数的位数都是 1 位，首位 1×7 会在次位 4×9 的影响下产生进位，积的位数 1+1=2，也就是说

$$1.4\times7.9=11.06$$

第三，在任何时候，首位两个数相乘都不会产生进位情况，这样积的位数就是两个乘数位数的和再减去 1，也就是

$$a+b-1$$

比如，2.2×4.3=？根据口算 22×43=946，首位乘积不会产生进位情况，积的位数为 1+1−1=1，也就是说

$$2.2\times4.3=9.46$$

再比如：1.6×0.19=？根据口算得出 16×19=304，首位乘积不会产生进位情况，积的位数为 1+0−1=0(位)，也就是说

$1.6\times0.19=0.304$

习题：

确定下列数的位数：

1. 401　　2. 29　　3. 0.189　　4. 0.0078

5. 2.48　　6. 3.95　　7. 10.28　　8. 1.001

9. 0.00128　　10. 0.000092

答案：

1. 正 3 位；　2. 正 2 位；　3. 0 位；　4. 负 2 位；　5. 正 1 位；

6. 正 1 位；　7. 正 2 位；　8. 正 1 位；　9. 负 2 位；　10. 负 4 位。

根据 76×23=1748，确定下了各题的积

1. $7.6\times23=$__________　2. $7.6\times2.3=$__________

3. $0.76\times2.3=$__________　4. $7.6\times0.23=$__________

5. $0.76\times0.23=$__________　6. $0.076\times0.023=$__________

7. $0.76\times23=$__________　8. $76\times0.23=$__________

9. $0.00076\times2.3=$__________

答案：

1. 积的位数为正 3 位，174.8；2. 积的位数为正 2 位，17.48；

3. 积的位数为正 1 位，1.748；4. 积的位数为正 1 位，1.748；

5. 积的位数为 0 位，0.1748；　6. 积的位数负 2 位，0.001748；

7. 积的位数为正 2 位，17.48；8. 积的位数为正 2 位，17.48；

9. 积的位数为负 2 位，0.001748。

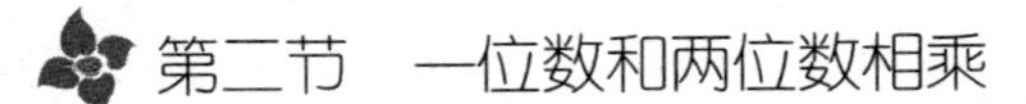

第二节　一位数和两位数相乘

在乘法口算法中，最基本的就是两位数和一位数的乘法。口算关键是把计算的起点设在高位，然后使同位的数相加。

我们以 0.38×4=？为例，先是 3×4=12，然后是 8×4=32，我们脑中浮现出来的应当是 12 和 32 错位相加的情形，最后结果为 152，根据定位得出乘积是正 1 位，所以 0.38×4=1.52。

再比如，1.7×3=？，我们应当在脑子里计算出 1×3=3，7×3=21，两个结果错位相加得出 51，定位法计算出乘积为正 1 位，所以 1.7×3=5.1。

为了给两位数和一位数的乘法提速，我们特意编写了“双九九乘法口诀表”，这样可以使计速度得以成倍增加。

精简后的口诀如下：

双九九乘法口诀表

被乘数＼乘数	二	四	八	三	六	九	五	七
12	2一二 024	4一二 048	8一二 096	3一二 036	6一二 072	9一二 108	5一二 060	7一二 084
13	2一三 026	4一三 052	8一三 104	3一三 039	6一三 078	9一三 117	5一三 065	7一三 091
14	2一四 028	4一四 056	8一四 112	3一四 042	6一四 084	9一四 126	5一四 070	7一四 098
15	2一五 030	4一五 060	8一五 120	3一五 045	6一五 090	9一五 135	5一五 075	7一五 105
16	2一六 032	4一六 064	8一六 128	3一六 048	6一六 096	9一六 144	5一六 080	7一六 112
17	2一七 034	4一七 068	8一七 136	3一七 051	6一七 102	9一七 153	5一七 085	7一七 119
18	2一八 036	4一八 072	8一八 144	3一八 054	6一八 108	9一八 162	5一八 090	7一八 126
19	2一九 038	4一九 076	8一九 152	3一九 057	6一九 114	9一九 171	5一九 095	7一九 133

（续）

被乘数＼乘数	二	四	八	三	六	九	五	七
21	2 二一 042	4 二一 084	8 二一 168	3 二一 063	6 二一 126	9 二一 189	5 二一 105	7 二一 147
22	2 二二 044	4 二二 088	8 二二 176	3 二二 066	6 二二 132	9 二二 198	5 二二 110	7 二二 154
23	2 二三 046	4 二三 092	8 二三 184	3 二三 069	6 二三 138	9 二三 207	5 二三 115	7 二三 161
24	2 二四 048	4 二四 096	8 二四 192	3 二四 072	6 二四 144	9 二四 216	5 二四 120	7 二四 168
25	2 二五 050	4 二五 100	8 二五 200	3 二五 075	6 二五 150	9 二五 225	5 二五 125	7 二五 175
26	2 二六 052	4 二六 104	8 二六 208	3 二六 078	6 二六 156	9 二六 234	5 二六 130	7 二六 182
27	2 二七 054	4 二七 108	8 二七 216	3 二七 081	6 二七 162	9 二七 243	5 二七 135	7 二七 189
28	2 二八 056	4 二八 112	8 二八 224	3 二八 084	6 二八 168	9 二八 252	5 二八 140	7 二八 196
29	2 二九 058	4 二九 116	8 二九 232	3 二九 087	6 二九 174	9 二九 261	5 二九 145	7 二九 203

（续）

被乘数＼乘数	二	四	八	三	六	九	五	七
31	2 三一 062	4 三一 124	8 三一 248	3 三一 093	6 三一 186	9 三一 279	5 三一 155	7 三一 217
32	2 三二 064	4 三二 128	8 三二 256	3 三二 096	6 三二 192	9 三二 288	5 三二 160	7 三二 224
33	2 三三 066	4 三三 132	8 三三 264	3 三三 099	6 三三 198	9 三三 297	5 三三 165	7 三三 231
34	2 三四 068	4 三四 136	8 三四 272	3 三四 102	6 三四 204	9 三四 306	5 三四 170	7 三四 238
35	2 三五 070	4 三五 140	8 三五 280	3 三五 105	6 三五 210	9 三五 315	5 三五 175	7 三五 245
36	2 三六 072	4 三六 144	8 三六 288	3 三六 108	6 三六 216	9 三六 324	5 三六 180	7 三六 252
37	2 三七 074	4 三七 148	8 三七 296	3 三七 111	6 三七 222	9 三七 333	5 三七 185	7 三七 259
38	2 三八 076	4 三八 152	8 三八 304	3 三八 114	6 三八 228	9 三八 342	5 三八 190	7 三八 266
39	2 三九 078	4 三九 156	8 三九 312	3 三九 117	6 三九 234	9 三九 351	5 三九 195	7 三九 273

（续）

被乘数 \ 乘数	二	四	八	三	六	九	五	七
41	2 四一 082	4 四一 164	8 四一 328	3 四一 123	6 四一 246	9 四一 369	5 四一 205	7 四一 287
42	2 四二 084	4 四二 168	8 四二 336	3 四二 126	6 四二 252	9 四二 378	5 四二 210	7 四二 294
43	2 四三 086	4 四三 172	8 四三 344	3 四三 129	6 四三 258	9 四三 387	5 四三 215	7 四三 301
44	2 四四 088	4 四四 176	8 四四 352	3 四四 132	6 四四 264	9 四四 396	5 四四 220	7 四四 308
45	2 四五 090	4 四五 180	8 四五 360	3 四五 135	6 四五 270	9 四五 405	5 四五 225	7 四五 315
46	2 四六 092	4 四六 184	8 四六 368	3 四六 138	6 四六 276	9 四六 414	5 四六 230	7 四六 322
47	2 四七 094	4 四七 188	8 四七 376	3 四七 141	6 四七 282	9 四七 423	5 四七 235	7 四七 329
48	2 四八 096	4 四八 192	8 四八 384	3 四八 144	6 四八 288	9 四八 432	5 四八 240	7 四八 336
49	2 四九 098	4 四九 196	8 四九 392	3 四九 147	6 四九 294	9 四九 441	5 四九 245	7 四九 343

（续）

被乘数 \ 乘数	二	四	八	三	六	九	五	七
51	2 五一 102	4 五一 204	8 五一 408	3 五一 153	6 五一 306	9 五一 459	5 五一 255	7 五一 357
52	2 五二 104	4 五二 208	8 五二 416	3 五二 156	6 五二 312	9 五二 468	5 五二 260	7 五二 364
53	2 五三 106	4 五三 212	8 五三 424	3 五三 159	6 五三 318	9 五三 477	5 五三 265	7 五三 371
54	2 五四 108	4 五四 216	8 五四 432	3 五四 162	6 五四 324	9 五四 486	5 五四 270	7 五四 378
55	2 五五 110	4 五五 220	8 五五 440	3 五五 165	6 五五 330	9 五五 495	5 五五 275	7 五五 385
56	2 五六 112	4 五六 224	8 五六 448	3 五六 168	6 五六 336	9 五六 504	5 五六 280	7 五六 392
57	2 五七 114	4 五七 228	8 五七 456	3 五七 171	6 五七 342	9 五七 513	5 五七 285	7 五七 399
58	2 五八 116	4 五八 232	8 五八 464	3 五八 174	6 五八 348	9 五八 522	5 五八 290	7 五八 406
59	2 五九 118	4 五九 236	8 五九 472	3 五九 177	6 五九 354	9 五九 531	5 五九 295	7 五九 413

（续）

被乘数＼乘数	二	四	八	三	六	九	五	七
61	2 六一 122	4 六一 244	8 六一 488	3 六一 183	6 六一 366	9 六一 549	5 六一 305	7 六一 427
62	2 六二 124	4 六二 248	8 六二 496	3 六二 186	6 六二 372	9 六二 558	5 六二 310	7 六二 434
63	2 六三 126	4 六三 252	8 六三 504	3 六三 189	6 六三 378	9 六三 567	5 六三 315	7 六三 441
64	2 六四 128	4 六四 256	8 六四 512	3 六四 192	6 六四 384	9 六四 576	5 六四 320	7 六四 448
65	2 六五 130	4 六五 260	8 六五 520	3 六五 195	6 六五 390	9 六五 585	5 六五 325	7 六五 455
66	2 六六 132	4 六六 264	8 六六 528	3 六六 198	6 六六 396	9 六六 594	5 六六 330	7 六六 462
67	2 六七 134	4 六七 268	8 六七 536	3 六七 201	6 六七 402	9 六七 603	5 六七 335	7 六七 469
68	2 六八 136	4 六八 272	8 六八 544	3 六八 204	6 六八 408	9 六八 612	5 六八 340	7 六八 476
69	2 六九 138	4 六九 276	8 六九 552	3 六九 207	6 六九 414	9 六九 621	5 六九 345	7 六九 483

（续）

被乘数＼乘数	二	四	八	三	六	九	五	七
71	2 七一 142	4 七一 284	8 七一 568	3 七一 213	6 七一 426	9 七一 639	5 七一 355	7 七一 497
72	2 七二 144	4 七二 288	8 七二 576	3 七二 216	6 七二 432	9 七二 648	5 七二 360	7 七二 504
73	2 七三 146	4 七三 292	8 七三 584	3 七三 219	6 七三 438	9 七三 657	5 七三 365	7 七三 511
74	2 七四 148	4 七四 296	8 七四 592	3 七四 222	6 七四 444	9 七四 666	5 七四 370	7 七四 518
75	2 七五 150	4 七五 300	8 七五 600	3 七五 225	6 七五 350	9 七五 675	5 七五 375	7 七五 525
76	2 七六 152	4 七六 304	8 七六 608	3 七六 228	6 七六 356	9 七六 684	5 七六 380	7 七六 532
77	2 七七 154	4 七七 308	8 七七 616	3 七七 231	6 七七 462	9 七七 693	5 七七 385	7 七七 539
78	2 七八 156	4 七八 312	8 七八 624	3 七八 234	6 七八 468	9 七八 702	5 七八 390	7 七八 546
79	2 七九 158	4 七九 316	8 七九 632	3 七九 237	6 七九 474	9 七九 711	5 七九 395	7 七九 553

（续）

被乘数 \ 乘数	二	四	八	三	六	九	五	七
81	2 八一 162	4 八一 324	8 八一 648	3 八一 243	6 八一 486	9 八一 729	5 八一 405	7 八一 567
82	2 八二 164	4 八二 328	8 八二 656	3 八二 246	6 八二 492	9 八二 738	5 八二 410	7 八二 574
83	2 八三 166	4 八三 332	8 八三 664	3 八三 249	6 八三 498	9 八三 747	5 八三 415	7 八三 581
84	2 八四 168	4 八四 336	8 八四 672	3 八四 252	6 八四 504	9 八四 756	5 八四 420	7 八四 588
85	2 八五 170	4 八五 340	8 八五 680	3 八五 255	6 八五 510	9 八五 765	5 八五 425	7 八五 595
86	2 八六 172	4 八六 344	8 八六 688	3 八六 258	6 八六 516	9 八六 774	5 八六 430	7 八六 602
87	2 八七 174	4 八七 348	8 八七 696	3 八七 261	6 八七 522	9 八七 783	5 八七 435	7 八七 609
88	2 八八 176	4 八八 352	8 八八 704	3 八八 264	6 八八 528	9 八八 792	5 八八 440	7 八八 616
89	2 八九 178	4 八九 356	8 八九 712	3 八九 267	6 八九 534	9 八九 801	5 八九 445	7 八九 623

（续）

被乘数 \ 乘数	二	四	八	三	六	九	五	七
91	2 九一 182	4 九一 364	8 九一 728	3 九一 273	6 九一 546	9 九一 819	5 九一 485	7 九一 637
92	2 九二 184	4 九二 368	8 九二 736	3 九二 276	6 九二 552	9 九二 828	5 九二 460	7 九二 644
93	2 九三 186	4 九三 372	8 九三 744	3 九三 279	6 九三 558	9 九三 837	5 九三 465	7 九三 651
94	2 九四 188	4 九四 376	8 九四 752	3 九四 282	6 九四 564	9 九四 846	5 九四 470	7 九四 658
95	2 九五 190	4 九五 380	8 九五 760	3 九五 285	6 九五 570	9 九五 855	5 九五 475	7 九五 665
96	2 九六 192	4 九六 384	8 九六 768	3 九六 288	6 九六 576	9 九六 864	5 九六 480	7 九六 672
97	2 九七 194	4 九七 388	8 九七 776	3 九七 291	6 九七 582	9 九七 873	5 九七 485	7 九七 679
98	2 九八 196	4 九八 392	8 九八 784	3 九八 294	6 九八 588	9 九八 882	5 九八 490	7 九八 686
99	2 九九 198	4 九九 396	8 九九 792	3 九九 297	6 九九 594	9 九九 891	5 九九 495	7 九九 693

面对乘法口诀，我们应当注意一下几点：

第一，所有口诀都是六个数字，其中第一个数字表示乘数，第二、第三个数字表示被乘数，第四、第五、第六个数字代表乘积，假如乘积的首位是0，同样要写出来，它代表着空位，比如 46×3 对应的口诀是 3 四六 138。

第二，为了便于记忆，我们把 640 句口诀分为 7 类，具体分类如下：

A 类，个位、十位的乘积都不进位，好比 12×3，其中 1×3=3，2×3=6，对应口诀是 3 一二 036。

此类口诀特点是，被乘数和乘数的两位相乘都不用进位，最后的结果只是把两个数连接起来，开始用 0 补充即可。满足此类口诀的有：

2 和 12 到 14、21 到 24、31 到 34、41 到 44 段相乘；

3 和 12 到 13、21 到 23、31 到 33 段相乘；

4 和 12、21 到 22 段相乘。

B 类，十位数的乘积进位，个位数的乘积不进位。

好比 62×3=？的情况，其中 6×3=18,2×3=6，口诀为 3·六一 186。

被乘数和乘数的各位相乘不进位，和乘数的十位相乘进位，就是满足这类口诀的基本特征。最终得数就是把三个数字连接起来，满足此类口诀的有：

2 和 51 到 54、61 到 64、71 到 74、81 到 84、91 到 94 段相乘；

3 和 41 到 43、51 到 53、61 到 63、71 到 73、81 到 83、91 到 93 段相乘；

4 和 31 到 32、41 到 42、51 到 52、61 到 62、71 到 72、81 到 82、91 到 92 段相乘；

5 和 21、31、41、51、61、71、81、91 段相乘；

6 和 21、31、41、51、61、71、81、91 段相乘；

7 和 21、31、41、51、61、71、81、91 段相乘；

8 和 21、31、41、51、61、71、81、91 段相乘；

9 和 21、31、41、51、61、71、81、91 段相乘。

C 类，个位数的乘积进位，十位数的乘积是 10 的倍数。

比如是 67×5=？的情况，其中 6×5=30,7×5=35，口诀为 5 六五 335。

此类口诀的特点是被乘数和乘数十位的乘积是十的倍数，和乘数个位的乘积是两位数要进位，所以，口诀只需把三个数字连接起来就可以了。满足此类口诀的有：

2 和 55 到 59 段相乘；

4 和 53 到 59 段相乘；

5 和 22 到 29、42 到 49、62 到 69、82 到 89 段相乘；

6 和 52 到 59 段相乘；

8 和 52 到 59 段相乘。

D 类，个位进位，十位不进位，错位相加不足十。

好比 16×3=？的情况，其中 1×3=3,6×3=18，口诀为 3 一六 048。

此类口诀的特点是被乘数和乘数个位乘积是两位数，要进位，和乘数十位数相乘不足十，并且在错位相加的时候不足十，这样只需把前者的十位数和后者相加，并且在得数的前面补上一个 0 就可以了。满足此类口诀的有：

2 和 15 到 19、25 到 29、35 到 39、45 到 49 段相乘；

3 和 14 到 19、24 到 29 段相乘；

4 和 13 到 19、23 到 24 段相乘；

5 和 12 到 19 段相乘；

6 和 12 到 16 段相乘；

7 和 12 到 14 段相乘；

8 和 12 段相乘。

E 类，个位乘积进位，十位不进位，错位相加进位。

好比是 18×6=？的情况，其中 1×6=6,8×6=48，口诀为 6 一八 108。

此类口诀的特征是被乘数和乘数的个位相乘得数为两位数，要进位，和乘数的十位相乘不满十，前者的十位数和后者个位数错位相加是进位的，最后是百位为 1 的三位数。满足口诀的乘法有：

3 和 34 到 39 段相乘；

4 和 25 到 29 段相乘；

6 和 17 到 19 段相乘；

7 和 15 到 19 段相乘；

8 和 13 到 19 段相乘；

9 和 12 到 19 段相乘。

F 类，个位和十位相加都进位，错位相加不足十。

比如 37×7=？的情况，其中 3×7=21、7×7=49，口诀为 7 三七 259。

此类口诀的特点是被乘数和乘数的个位、十位相乘都是两位数，要进位，不过前者的十位数和后者的个位数错位相加不足十，最终得数是三位数。满足这类口诀的计算有：

2 和 65 到 69、75 到 79、85 到 89、95 到 99 段相乘；

3 和 44 到 49、54 到 59、64 到 69、74 到 79、84 到 89、94 到 99 段相乘；

4 和 33 到 39、43 到 49、63 到 69、73 到 74、83 到 89、93 到 99 段相乘；

5 和 32 到 39、52 到 59、72 到 79、92 到 99 段相乘；

6 和 22 到 29、32 到 33、42 到 49、62 到 66、72 到 79、82 到 83、92 到 99 段相乘；

7 和 22 到 28、32 到 39、42、52 到 57、62 到 69、82 到 85、92 到 99

段相乘；

8 和 22 到 24、32 到 37、42 到 49、62、72 到 74、82 到 87、92 到 99 段相乘；

9 和 22、32 到 33、43 到 44、52 到 55、62 到 66、72 到 77、82 到 88、92 到 99 段相乘。

G 类，被乘数和乘数的个位、十位相乘都进位，错位相加同样进位。

比如 28×8=？的情况，其中 2×8=16，8×8=64，口诀为 8 二八 324。

这类口诀的特点是被乘数和乘数的个位、十位相乘都得两位数，要进位，其中的十位数和后者的个位数错位相加也要进位。得数同样是三位数，只是这次百位要加 1，这是和其他相比相对较难的一点。满足此类的计算有：

3 和 67 到 69 段相乘；

4 和 75 到 79 段相乘；

6 和 34 到 39、67 到 69、84 到 89 段相乘；

7 和 29、43 到 49、58 到 59、72 到 79、86 到 89 段相乘；

8 和 25 到 29、38 到 39、63 到 69、75 到 79、88 到 89 段相乘；

9 和 23 到 29、34 到 39、45 到 49、56 到 59、67 到 69、78 到 79、89 段相乘。

我们还可以通过其他方法来记忆九九口诀：

第一，卡片记忆法，在不同的卡片上分类写好口诀，这样可以随时随地的拿出来练习和记忆，尤其是难度较大的第五和第七类。

第二，对里面的规律性进行寻找，像是 3 七四 222、6 七四 444、9 七四 666 等，这有利于我们的记忆。

第三，对乘积数相同的进行归类，这样会方便我们记忆。

比如，2 八四 168、3 五六 168、4 四二 168、6 二八 168、7 二四 168、8 二一 168；

2 七二 144、3 四八 144、4 三六 144、6 二四 144、8 一八 144；

3 九六 288、4 七二 288、6 四八 288、8 三六 288、9 三二 288；

3 七二 216、4 五四 216、6 三六 216、8 二七 216、9 二四 216；

3 八四 252、4 六三 252、6 四二 252、7 三六 252、9 二八 252；

2 六三 126、3 四二 126、6 二一 126、7 一八 126、9 一四 126；

2 四二 084、3 二八 084、4 二一 084、6 一四 084、7 一二 084；

2 五四 108、3 三六 108、4 二七 108、6 一八 108、9 一二 108；

等等。

习题：

1. 24 × 4=__________　　2. 47 × 3=__________

3. 69 × 2=__________　　4. 38 × 7=__________

5. 92 × 4=__________　　6. 74 × 6=__________

7. 0.29 × 7=__________　　8. 0.72 × 3=__________

9. 0.063 × 4=__________

答案：

1. 96；　2. 141；　3. 138；　4. 266；　5. 368；

6. 444；　7. 2.04；　8. 2.16；　9. 0.252。

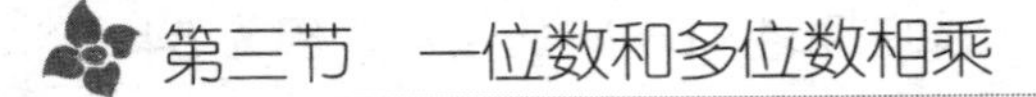

第三节　一位数和多位数相乘

在面对多位数和一位数相乘时，我们运用的方法是分节法，具体的是把多位数从高位到低位每两位为一节。

比如

3824×4=？

口算过程如下：

❶ 把 3824 分为 38 和 24 两节；

❷ 把 38 和 24 分别和 4 相乘得数为 152 和 096；

❸ 把 152 和 096 错位相加得出最后结果为 15296，根据定位法，最后结果为 5 位。

所以 3824×4=15296。

再比如

74.85×6=？

口算步骤如下：

❶ 把 74.85 划分为 74 和 85 两节；

❷ 分别计算得出 74×6=444 和 85×6=510；

❸ 把 444 和 510 错位相加得出 44910，根据定位法求出乘积为正三位，也就是 74.85×6=449.1。

某些情况我们也应当区别处理，比如：$754\times6=$？的情况，因为 54×6 比较容易利用双九九口诀，所以我们的分节处理是 7 和 54。

$7\times6=42$，$54\times6=324$，错位相加为 4524，乘积的定位是 4 位，所以最后结果为 4524，也就是

$$754\times6=4524。$$

又比如：**$47263\times6=?$**

❶ 把 47263 分为 4、72、63 三节；

❷ $4\times6=24$、$72\times6=432$、$63\times6=378$；

❸ 把 24、432、378 错位相加得出 283578，根据定位得出彻乘积为 6 位。

也就是

$$47263\times6=283578。$$

习题：

1. $324\times6=$________　　2. $5274\times4=$________

3. $6432\times7=$________　　4. $6287\times3=$________

5. $27634\times9=$________　　6. $627\times8=$________

7. $8219\times7=$________　　8. $3182\times3=$________

9. $3681\times9=$________

答案：

1. 1944；　2. 21096；　3. 45024；　4. 18861；　5. 248706；

6. 5016；　7. 57533；　8. 9546；　9. 33129。

第四节　多位数和多位数相乘

当遇到多位数和多位数相乘时，我们要分别求出单位数和多位数相乘的积，然后把所有乘积加在一起就可以了。

比如 **27×32=？**

❶ 分别求出 27×3 和 27×2 的乘积，结果分别为 81 和 54；

❷ 把两个得数错位相加就可以了

$$\begin{array}{r} 81 \\ +\ 54 \\ \hline 864 \end{array}$$

❸ 根据积的定位法，我们知道乘积为 2+2−1=3(位)。

也就是说 27×32=864。

再比如 **471×298=？**

❶ 分别求出 471×2、471×9 和 471×8 的值，结果分别为 942、4239、3768；

❷ 把三个结果错位相加，

$$\begin{array}{r} 942 \\ 4239 \\ +\ 3768 \\ \hline 140358 \end{array}$$

❸ 根据积的定位法，得出乘积为 3+3=6(位)。也就是说

471×298=140358。

还有两种特殊情况，比如 243×3008=？以及 672×4800=？

243×3008=？

我们同样是用 243 分别和 3 以及 8 相乘，求出乘积分别为 729 和 1944，随后把两个结果错位相加，不过这次是要错出三位。

$$\begin{array}{r} 729 \\ +\ \ 1944 \\ \hline 730944 \end{array}$$

然后在根据积的定位得出乘积为 6 位，也就是

243×3008=730944。

672×4800=？

我们同样是分别计算 672×4 和 672×8 的值，得出 2688 和 5376，然后错位相加

$$\begin{array}{r} 2688 \\ +\ \ 5376 \\ \hline 32256 \end{array}$$

随后在加上最后面两个 0 得出 3225600，根据定位法，得出乘积为 7 位，也就是

672×4800=3225600。

不难看出，当遇到有 0 存在乘数或者被乘数里，我们可以跳过去，只是最后千万不可以忘记。

习题：

1. $123 \times 47=$__________ 2. $381 \times 492=$__________

3. $907 \times 56=$ __________ 4. $8714 \times 327=$__________

5. $3200 \times 498=$__________ 6. $4107 \times 280=$__________

答案：

1. 5781； 2. 187452； 3. 50792；

4. 2849478； 5. 1593600； 6. 1149960。

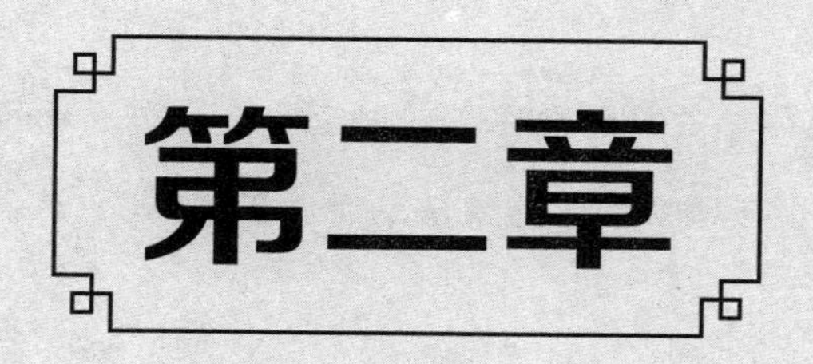

思维摩天轮
——魔法般的印度除法

上一章重点讲解的乘法速算，其实除法在日常活中也很让人头痛，除法竖式列起来同样十分麻烦。本章将重点带领大家了解有关除法的速算，它如同魔法一般把除法变得简洁明了。希望可以帮助大家在日常生活中提高工作效率。

第一部分 让你过目难忘的除数身份——特殊除数

首先让我们认识这些有着特殊身份的数字，熟记它们将有助于我们更快更准的进行除法运算。让它们带领大家进入除法的魔法王国。

第一节 除数是5、25、125

针对140÷5=？的计算，假如使用普通的计算方法，

$$
\begin{array}{r}
28 \\
5\overline{)140} \\
\underline{10} \\
40 \\
\underline{40} \\
0
\end{array}
$$

❶ 先是商2，用2乘以5得出10的放入140的下方，靠左的位置，从而得出余数为40；

❷ 其次商8，用8乘以5得数为40，最后余数为0；

❸ 最后得出商为28。

对此，我们运用的速算法就是把5用10除以2表示，带入算式就是:

$$140 \div 5$$
$$= 140 \div (10 \div 2)$$
$$= 140 \times 2 \div 10$$
$$= 280 \div 10$$
$$= 28$$

也就是说，在除数为 5 的时候，我们可以首先使被除数乘以 2，然后再除以 10，也就是和 2 相乘后，小数点向左移动一位。

再比如，**132÷5** 和 **2426÷5**。

运用速算方法就是：

$$132 \div 5$$
$$= 132 \times 2 \div 10$$
$$= 264 \div 10$$
$$= 26.4$$

$$2426 \div 5$$
$$= 2426 \times 2 \div 10$$
$$= 4852 \div 10$$
$$= 485.2$$

根据以上结论，我们可以推论出除数是 50 的情况，相当于乘以 2 除以 100。

比如，**1234÷50** 和 **246÷50**。

运用速算法就是：

$$\begin{aligned}&1234 \div 50\\=&1234 \times 2 \div 100\\=&2468 \div 100\\=&24.68\end{aligned}$$

$$\begin{aligned}&246 \div 50\\=&246 \times 2 \div 100\\=&492 \div 100\\=&4.92\end{aligned}$$

接下来，除数为 25 的情况也可以运用同样的方法，我们以 430 ÷ 25 为例，假如列除法竖式一步步的寻找商数，然后求得余数，直到最后比 25 小为止，麻烦的很!

而根据 100 ÷ 4=25，所以，430 ÷ 25 可以写成：

$$\begin{aligned}&430 \div (100 \div 4)\\=&430 \times 4 \div 100\\=&1720 \div 100\\=&17.2\end{aligned}$$

所以，针对除数为 25 的情况，我们可以首先使被除数和 4 相乘，然后用得出的结果除以 100 就可以了。

像 600 ÷ 25 和 234 ÷ 25，我们运用速算的过程如下：

$$\begin{aligned}&600 \div 25\\=&600 \times 4 \div 100\\=&2400 \div 100\\=&24\end{aligned}$$

$$\begin{aligned}&234 \div 25\\=&234 \times 4 \div 100\\=&936 \div 100\\=&9.36\end{aligned}$$

由此推论，除数为 250 的情况，我们就可以是被除数和 4 相乘然后再除以 1000 就可以了。

在知道了除数为 5 和 25 的速算之后，我们很容易就可以想到除数为 125 的情况，用 $1000 \div 8$ 替代算式中的 125，也就是使得被除数先和 8 相乘，然后再除以 1000。

比如 $2143 \div 125$，相当于

$$
\begin{aligned}
& 2143 \times 8 \div 1000 \\
=& 17144 \div 1000 \\
=& 17.144
\end{aligned}
$$

知道了三个特殊的除数，接触了一些特殊的除法速算，然后运用速算法完成下面的习题。

习题：

1. $14 \div 5=$________　　2. $232 \div 50=$________

3. $310 \div 25=$________　　4. $4172 \div 250=$________

5. $1271 \div 125=$________　　6. $32612 \div 1250=$________

答案：

1. $14 \div 5=14 \times 2 \times 10=2.8$；

2. $232 \div 50=232 \times 2 \div 100=4.64$；

3. $310 \div 25=310 \times 4 \div 100=12.4$；

4. $4172 \div 250=4172 \times 4 \div 1000=16.688$；

5. $1271 \div 125=1271 \times 8 \div 1000=10.168$；

6. $32612 \div 1250=32612 \times 8 \div 10000=26.0896$。

第二节　除数是2、4、8

认识了除数为5、25、125的情况，本节我们就来认识除数为2、4、8的情况。

★ 首先是除数为2的情况，比如324÷2=？我们可以把324÷2写成分数的情况，324/2，然后在把分数约分，也就是分子分母同时除以2，得出分数值为162，也就是说，324÷2=162。

因此，得出除数为2时，相当于把被除数和除数两个数字同时除以2，也就是俗话说的减半。遇到不易减半的情况，我们可以利用上面学过的知识把除以2换成是乘以5除以10。

好比是151÷2=？，这里的151就不容易减半，我们可以把上式变成151×5÷10，这样就简便多了，只需要把151×5得出的结果755的小数点向左移动一位就可以得出答案了。

★ 对于除数为4的情况，我们可以这样想某个数除以4相当于连续两次除以2，也就是把被除数连续两次减半就可以了。

比如216÷4=？运算过程如下：

$$216 \div 4=108 \div 2=54$$

★ 在得知了除数为4的速算方法时，除数为8的就迎刃而解了，它相当于把被除数和除数减半、减半、再减半。

比如

$$432 \div 8=216 \div 4=108 \div 2=54$$

总的来说，就是利用各种办法把被除数和除数变得更小，这里被除数和除数可以同时除以2，其实遇见有别的情况可以同时除以其他数，比如168÷6，两边可以同时除以3，也就是168÷6=56÷2=28。再比如

1625 ÷ 125，我们可以使被除数和除数和同时除以 5，过程如下：

$$1625 \div 125=325 \div 25=65 \div 5=13。$$

最后运用所学方法完成下面的计算。

习题：

1. 17 ÷ 2=__________ 2. 28 ÷ 2=__________

3. 72 ÷ 4=__________ 4. 132 ÷ 4=__________

5. 458 ÷ 8=__________ 6. 1240 ÷ 8=__________

答案：

1. 8.5； 2. 14； 3. 18； 4. 33； 5. 57.25； 6. 155。

第三节 除数是 9

接下来，让我们认识一种更为简便的情况。

首先进行下面的计算：

1. 15 ÷ 9=__________ 2. 25 ÷ 9=__________

3. 47 ÷ 9=__________ 4. 122 ÷ 9=__________

5. 242 ÷ 9=__________ 6. 854 ÷ 9=__________

7. 1221 ÷ 9=__________ 8. 2562 ÷ 9=__________

9. 1234 ÷ 9=__________

答案依次是：

1. 商为 1，余数为 6；　2. 商为 2，余数为 7；　3. 商为 5. 余数为 2；

4. 商为 13，余数为 5；　5. 商为 26，余数为 8；　6. 商为 94，余数为 8；

7. 商为 135 余数为 6；　8. 商为 284，余数为 6；　9. 商为 137，余数为 1。

规律总结

★ 以第 1、2 题为例，这都是两位除以 9 的情况，商都是被除数的左边第一位，余数是被除数的两个数字的和。第 3 题中的被除数 47 两个数字相加为 11，除以 9 余数为 2，所以最后的得数是左边第一位加上 1 得出的 5 才是最后的商，余数为 2。

★ 第 4~6 题是三位数除以 9 的情况，首先是第 4 题，商 13 中的 1 为被除数左边的第一位，3 为被除数左边的第一位 1 和第二位 2 的和 1+2=3。余数为被除数三位数字的和：1+2+2=5。

★ 第 5 题同样如此，被除数左边的一位的 2 与 2+4=6 组成了商 26，2+4+2=8 组成了余数。

★ 第 6 题，因为被除数左边的第一位和第二位的和 8+5=13，这里面还包含一个 9 并且余 4，这样左边的第一位 8 就要加上这个多余的一个 8+1=9，得出商为 94，余数为 8+5+4=17，除以 9 后的余数，也就是 8。

★ 第 7~9 题是四位数除以 9 的情况，其中第 7 题，商 135 中的 1、3 和 5 分别是被除数左边的第一位、第一位和第二位的和、前三位的和。余数为被除数四位数的和：1+2+2+1=6。

★ 第 8 题，商 284 分别是被除数左边的第一位、前两位的和加上前三位的和进上来的 1，前三位数和除以 9 的余数加上所有四位数和除以 9 进上来的 1。最后余数为 2+5+6+2=15 除以 9 得出的余数 6。

★ 第 9 题，商 137 分别是被除数左边的第一位、第一位和第二位的和、前三位的和加上最后所有数字和除以 9 后进上来的 1。余数为 1+2+3+4=10 除以 9 的余数。

根据我们总结出的规律，写出下面算式的结果。

习题：

1. 171 ÷ 9=________　　2. 108 ÷ 9=________

3. 161 ÷ 9=________　　4. 2311 ÷ 9=________

5. 4521 ÷ 9=________　　6. 321 ÷ 9=________

7. 1582 ÷ 9=________　　8. 324 ÷ 9=________

9. 911 ÷ 9=________

答案：

1. 商为 1 和 (1+7+1) 的组合也就是 19，1+7+1=9，这说明刚好能够被 9 除尽，所以没有余数；

2. 最后的商为 12，余数为 0，和第一题一样也是可以被 9 除尽的情况；

3. 商为 17，余数为 8；　　4. 商为 256，余数为 7；　　5. 商为 502，余数为 3；

6. 商为 35，余数为 6；　　7. 商为 175，余数为 7；　　8. 商为 36；

9. 商为 101，余数为 2。

第四节 除数是 11

最后，让我们看一看除数是 11 的情况，首先进行下面的计算：

1. 484 ÷ 11=________　　2. 121 ÷ 11=________

3. 199 ÷ 11=________　　4. 1353 ÷ 11=________

5. 2860 ÷ 11=________　　6. 6859 ÷ 11=________

结果分别为：

1. 44；　　2. 11；　　3 . 商为 18，余数为 1；

4. 123；　　5. 260；　　6. 商为 623，余数为 6。

然后，我们用被除数的左边第一个数字放到第二个数字的下面，上下两个数相减后的结果放到第三个数字的下面，然后上下两个数相减得出的结果放入第四个数字的下面……如果最后的差为 0，说明可以整除，假如不为零，最后的差就是余数，商就是第二行所有数。

让我们研究一下上面的结果：

◆ 第一题，484 ÷ 11，被除数为 484，根据上面的方法，

484

　44

把被除数百位数字 4 放到十位数字 8 的下面，两者的差为 4，再放在个位数 4 的下面，最后 4 和 4 的差为 0，刚好整除，而结果就是第二行的 44。

◆ 第二题，121 ÷ 11，依照上面的方法：

121

　11

被除数的百位数字为 1，放入十位数字 2 的下面，差为 1，把差放到个位数字的下面，1 和 1 的差为 0，刚好整除，商就是 11。

★ 第三题，199÷11，按照速算法则：

199

18

最后 9 和 8 的差为 1，这就是余数，商为 18。

后面的第四、五、六题同样满足这个法则。

在熟练掌握了速算法则后，让我们进行下面的计算：

1. 25795÷11=________　　2. 902÷11=________

3. 39402÷11= ________

解答过程如下：

★ 第一题，根据速算法则，

25759

2341

最后得出，商为 2341，余数为 9 和 1 的差，也就是 8。

★ 第二题， 根据速算法则，好像无法进行了，被除数百位数字是 9，十位数字是 0，两个的差出现了负数！遇到这样的问题，我们应当怎样做呢？

902

82

在减不开的情况下，我们应当向前借 1，而 9 被借 1 剩下的就是 8，所以在十位数字下面写的应当是 8，而向前面借 1 来 10,10 和 8 的差就是 2，最后得出商为 82，余数为 0。

★ 第三题，有了第二题的先例，我们就可以快捷的进行此题的计算了。

39402

3582

9 和 3 的差原本是 6，可是在被后面借去 1 之后就剩下了 8，而 8 和 3 的差就成了 5，同样 14 还要被后面借 1,13 和 5 的差是 8,10 和 8 的差是 2。

第二部分　化繁为简的奥秘——补数的应用

针对前面学过的除数是 9 和 11 的情况，我们还有另外一种速算方法，那就是利用补数。补数思想在印度数学速算中的地位举足轻重，印度数学如果缺少了它就不能算作是系统的、完整的。把补数思想应用到除法运算，使得原本复杂的计算过程被巧妙化简了，这真是太奇妙了！

为了便于理解，我们先要说一说什么是补数。

补数的定义是为了成为一个标准数而要加的数，所有数的补数都有两个。一个是相加后得出该位上最大的数，也就是 9。一个是相加后得出的结果是更高一位的数。比如说 1 是 9 的补数；2 是 98 的补数，这都是根据后者说的。

在了解了补数定义后，就让我们看一看具体的速算规则：

第一，把除数分解为整十数和补数；

第二，求出被除数和整十数的商；

第三，把上一步的结果和补数相乘然后在和上步的余数相加作为新的被除数；这一步会无限循环，直到得出不能被除数整除的数作为余数；

第四，新的被除数和原来除数相除；

第五，把同一位置上的商相加，不同位置的顺序排列。

利用规则对下列算式进行计算：

1. $31 \div 8=$________ 2. $43 \div 7=$________

3. $39 \div 12=$________ 4. $288 \div 15=$________

5. $1234 \div 17=$________ 6. $2234 \div 887=$________

7. $12234 \div 998=$________

分析

★ 第一题，8 对 10 的补数是 2，$31 \div 10=3$ 余 1，$3 \times 2+1=7$，7 不能被 8 整除就是余数，最后得

$31 \div 8=3$ 余 7。

★ 第二题，7 对 10 的补数是 3，$43 \div 10=4$ 余 3，$4 \times 3+3=15$，$15 \div 7=2$ 余 1，把 2 进上去 $4+2=6$ 就是本题商，也就是

$43 \div 7=6$ 余 1。

★ 第三题，12 对 20 的补数是 8，$39 \div 20=1$ 余 19，$1 \times 8+19=27$，$27 \div 12=2$ 余 3，把 2 进上去 $1+2=3$ 就是此题的商，所以

$39 \div 12=3$ 余 3。

★ 第四题，15 对 20 的补数是 5，$288 \div 20=14$ 余 8，$14 \times 5+8=78$，$78 \div 15=5$ 余 3，也就是

$288 \div 15=19$ 余 3。

★ 后面的三个题目留给大家自行计算。希望可以帮助大家对速算规则进行记忆。

第三部分　心灵稿纸——除法口算法

乘除互为逆运算，我们前面学习了乘法口算法，除法同样有口算法，两者有些异曲同工之处。

第一节　定位求商

上文的乘法口算中，我们提到了定位求积的例子，它利用被乘数、乘数、积三者之间位数上的关系得出积的位数，这样会有利于得出最后的积。

因为除法和乘法互为逆运算，所以，我们设想一定有同样的规律存在于被除数、除数、商三者的位数间。

比如是 81÷9=9 和 8÷4=2 两个除法等式，根据第一个等式，商的位数等于被除数的位数和除数位数的差，1 位 =2–1；根据第二个等式，商的位数等于被除数和除数的差加 1,1 位 =1–1+1。

假如我们用 a、b 和 c 分别代表被除数、除数、商三者的位数，那么公式就是：

$c=a-b$ **或者** $c=a-b+1$

针对两个不同的公式，我们应当如何选用呢？

对被除数和除数的第一位数进行比较，如果除数的第一位数大，我们就选用

$c=a-b$

如果被除数的第一位大，我们就选用

$c=a-b+1$

看一看下面的例子，

1. 64 ÷ 8=8　　2. 126 ÷ 3=42　　3. 8 ÷ 1000=0.008

4. 75.6 ÷ 36=2.1　　5. 0.02 ÷ 10=0.002　　6. 121 ÷ 11=11

分析

★ 1. 被除数首位 6 小于除数首位 8，商的位数公式运用

$c=a-b=2-1=1$(位)。

★ 2. 被除数首位 1 小于除数的首位 3、商的位数公式运用

$c=a-b=3-1=2$(位)。

★ 3. 被除数的首位 8 大于除数的首位 1，商的位数公式运用

$c=a-b+1=1-4+1=-2$(位)。

★ 4. 被除数的首位 7 大于除数的首位 3，商的位数公式运用

$c=a-b+1=2-2+1=1$(位)。

★ 5. 被除数的首位 0 小于除数的首位 1，商的位数公式运用

$c=a-b=-1-2=-3$(位)。

★ 6. 被除数的首位 1 等于除数的首位 1，这就要对第二位进行比较，如果第二位在相等，就要对第三位进行比较。本题被除数的第二位 2 大于除数的第二位 1，商位数公式运用

$c=a-b+1=3-2+1=2$(位)。

习题：

运用公式，首先对商的位数的进行确定，然后写出最后结果。

1. 600 ÷ 15=40　　2. 600 ÷ 1.5=400

3. 600 ÷ 150=4　　4. 600 ÷ 0.15=4000

5. 600 ÷ 0.015=40000　　6. 600 ÷ 0.0015=400000

7. 75 ÷ 25=3　　8. 7.5 ÷ 25=0.3

9. 0.75 ÷ 25=0.03

答案：

1. 被除数首位 6 大于除数首位 1，商的位数公式

$$c=a-b+1=3-2+1=2(\text{位}),$$

商为 40；

2. 被除数首位 6 大于除数首位 1，商的位数公式

$$c=a-b+1=3-1+1=3(\text{位}),$$

商为 400；

3. 被除数首位 6 大于除数的首位 1，商的位数公式

$$c=a-b+1=3-3+1=1(\text{位}),$$

商为 4；

4. 被除数首位 6 大于除数首位 0，商的位数公式为

$$c=a-b+1=3-0+1=4(\text{位}),$$

商为 4000；

5. 被除数首位 6 大于除数首位 0，商的位数公式为

$$c=a-b+1=3-(-1)+1=5(\text{位}),$$

商为 40000；

6. 被除数首位 6 大于除数的首位 0，商的位数公式

$$c=a-b+1=3-(-2)+1=6(\text{位}),$$

商为 400000；

7. 被除数首位 7 大于除数首位 2，商的位数公式

$$c=a-b+1=2-2+1=1(\text{位}),$$

商为 3；

8. 被除数首位 7 大于除数的首位 2，商的位数公式

$$c=a-b+1=1-2+1=0(\text{位}),$$

商为 0.3；

9. 被除数首位 0 小于，除数的首位 2，商的位数公式

$$c=a-b=0-2=-2(\text{位}),$$

商为 0.003。

第二节　除数为一位数

除法口算法中最基本的就是除数为一位数的情况。我们一定要重点牢记：第一，把除数放入自己的心里，因为除数是一位，所以被除数在心里先放两位；第二，记录下口算得出的商，以及被除数与首个商数和除数相乘得积的余数；第三，接着把次个商数记录下来，以及被除数减去次商和除数乘得积后的余数；如此类推，知道除尽或者打到题目要求的精度为准。

比如 **8268÷6=？**

口算过程如下：

第一，8÷6 商为 1，记录下首个商数 1，而 8−1×6=2，求得余数为 22 并用心记录下来；

第二，22÷6，记录下次个商数位 3，余数为 46；

第三，46÷6，记录下三个商数位 7，余数为 48；

第四，48÷6，记录下第四个商数位 8，余数为 0，刚好除尽。

根据上一节的内容，被除数首位 8 大于除数首位 6，商的位数为

$$c=a-b+1=4-1+1=4(\text{位})。$$

所以最后的结果是 1378，

也就是说 8268÷6=1378。

具体过程如下：

```
   1378
  ______
6 )8268
   22     ——第一步，8−1×6=2，余数为 22；
    46    ——第二步，22−3×6=4，余数为 46；
     48   ——第三步，46−7×6=4，余数为 48；
      0   ——第四步，48−8×6=0，余数为 0。
```

再来看下面的例子：

2580÷8=？

口算过程如下：

第一，25÷8，记录下首个商数3，余数为18；

第二，18÷8，记录下第二个商数2，余数为20；

第三，20÷8，记录下第三个商数位2，余数为4。

被除数首位数2，比除数首位数8小，商的位数为$c=a-b=4-3=3$，所有商为322，最后余数为4，

也就是说2580÷8=322余4。

具体过程如下：

```
      322
 8 )2580
     18      ——第一步，25−3×8=1，余数为18；
      20     ——第二步，18−2×8=2，余数为20；
       4     ——第三步，20−2×6=4，余数为4。
```

运用口算进行下列计算练习：

1. 124÷6=__________　　2. 480÷7=__________

3. 12345÷7=________　　4. 2643÷9=________

5. 6820÷8=________　　6. 129÷3=__________

答案：

1. 商20余4；　2. 商68余4；　3. 商1763余4；

4. 商293余6；　5. 商852余4；　6. 43。

第三节　除数为多位数

除数为多位数的情况，包括除数为两位数、三位数、四位数……需要特别提醒的是，首先放入心里的是除数，在除数为两位数时，被除数被放入的是前三位；在除数为三位数时，被除数首先被放入心里的是前四位；在除数为四位数时，被除数首先被放入心里的是前五位。商和余数和除数为一位数类似。

然后，看一看下面具体的运用过程。

2580÷24=？

口算过程如下：

第一，25÷24，记录首个商数为 1，25−1×24=1，余数为 18；

第二，18 无法被 24 整除，第二个商数为 0，余数为 180；

第三，180÷24，记录第三个商数为 7，余数 12。

商的位数为

$$c=a-b+1=4-2+1=3,$$

所以商为 107，余数为 12.

也就是 2580÷24=107 余 12。

具体过程如下：

```
      107
24 )2580
      18    ——第一步，25-1×24=1，余数为 18；
      180    ——第二步，无法整除，商 0，余数为 180；
       12     ——第三步，180-7×24=12，商 7 余数为 12。
```

再比如 **27658÷123=？**

口算过程如下：

第一，276÷123，记录下首个商数为 2,276−2×123=30，余数为 305；

第二，305÷123，记录下第二个商数为 2,305−2×123=59，余数为 598；

第三，598÷123，记录下第三个商数为 4,598−4×123=106，余数为 106。

商的位数为

$$c=a-b+1=5-3+1=3,$$

所以商为 224，余数为 106。

也就是说 27658÷123=224 余 106。

具体过程如下：

```
       224
123 )27658
      305     ——第一步，276−2×123=30，余数为 305；
       598    ——第二步，305−2×123=59，余数为 598；
        106   ——第三步，598−4×123=106，余数为 106.
```

运用口算法，进行下面的练习：

1. 4673÷31= ________　　2. 58921÷324= ________

3. 45632÷1234= ________

答案：

1. 商 150 余 23；　　2. 商 181 余 277；　　3. 商 36 余 1208。

第四节　商数的便捷测试

我们可以根据九九乘法口诀来快速解决除数是 1 位数的商数测试情况。但是对于除数是两位数、三位数、四位数的情况，对于商的测试就要费些脑筋了。印度人经过多年的总结，概括出了两种商的测试法。

它们分别商的九九测试法和商的规律测试法。

首先要说商的九九测试法，它通过和乘法的联系变得简洁易懂。它对商的测试是通过四舍五入把除数当做是一位数，然后看被除数的前两位，最后根据口诀得出商的测试结果。比如 48526÷379，除数四舍五入被当做 4，根据 1×4=4，测试出商为 1。有些时候，我们对商的测试会出现偏差，像是 129÷25，四舍五入，除数会被当成 3，商的测试结果是 4，其实应当是 5。这产生了 1 个的误差。必须对商进行调整，像这样的调整十分麻烦，我们应当尽量避免。大家可以看一看下面的口诀，这可以帮助大家对商测试精度的提高。

口诀内容：

★ 第一句，看到首位的同时兼顾次位。

意思是在对商数进行测试时，看到除数首位的同时要兼顾它的第二位。

★ 第二句，次位 1 到 3，全舍掉。

意思是在除数的次位是 1、2、3 时，全部舍去不用。比如 129÷23，除数次位是 3，舍去后剩下 2，商的测试结果是 6。

★ 第三句，次位 4 到 6 去中段。

意思是在除数的次位是 4、5、6 时，取中用 5。比如 129÷26，因为除数的次位是 6，取中得 5，当成是 25，商的测试结果是 5。这就要求大家熟记 15、25、35、45……和 2 至 9 的乘法结果。

★ 第四句，次位 7 到 9，后进 1。

意思是除数的次位是 7、8、9 时，要进 1 取大。比如 129÷28，因为除数的次位是 8，进 1 后得 3，商的测试结果为 4。

当然这也不是说，使用了四句口诀就准确无误了，还存在个别的情况，比如 826÷92，根据第二句口诀，除数为 9，商的测试结果就比实际大。总的说来，口诀的运用只能是让我们少走弯路，提高一些效率。最后，我们还是要根据实际情况查看商的测试结果。

接下来，我们说一说商的规律测试法。

在被除数的首位大于除数的首位时，我们的对商的测试可以运用九九乘法口诀；在被除数的首位被除数的首位小时，我们对商的测试可以通过依据九九口诀演变而来的一张表格。

被除数首位	除数首位	商
1	2	5
1	3	3
2	3	6
1	4	2
2	4	5
3	4	7
5	x	x 的 2 倍
6	x	$x+2$
7 或者 8	x	$x+1$
9	x	x
x	x	9 或者 8

所有这些都是为了让我们更好的速算，提高工作效率，口诀只是总结了大多数，最后还是要看结果。

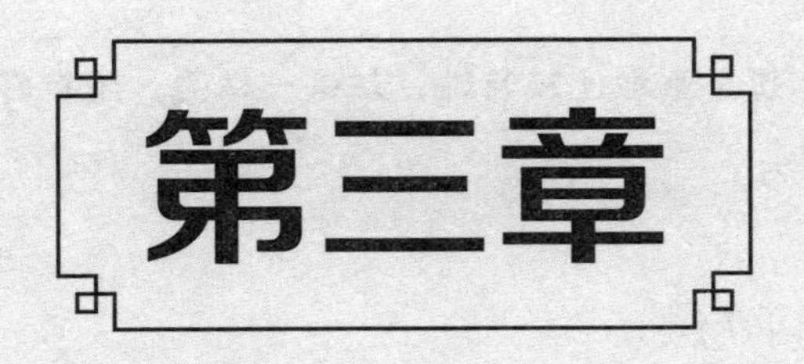

第三章

乘方其实很容易
——印度乘方妙算

乘方其实就是乘法，只不过是乘数比较特殊，都是一样的，所以好多乘法里的速算法同样适用于乘方。

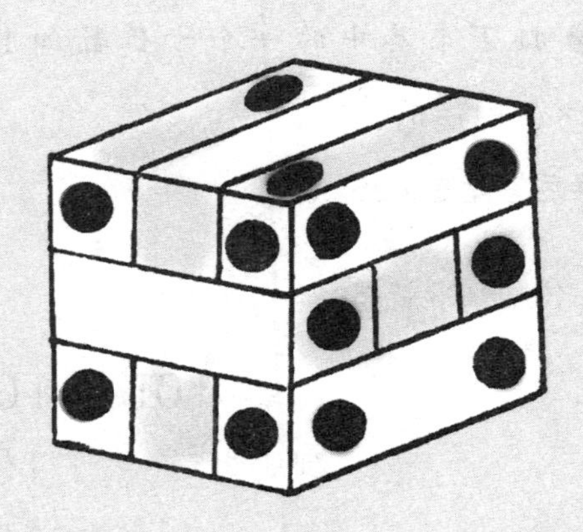

第一部分　另类“乘法”——平方速算

乘方其实就是乘法，只不过是乘数比较特殊，都是一样的，所有好多乘法里的速算法同样适用于乘方。

第一节　个位数是5的平方

在乘法的速算中，我们其实已经讲过了这种情况，这里就当做是复习吧。

比如

$$25^2=25\times25=625$$

列式为

$$\begin{array}{r} 25 \\ \times\ 25 \\ \hline 625 \end{array}$$

这其实就是十位数相同，个位数相加等于10的乘法速算。

❶ 首先是个位数的两个5相乘 $5\times5=25$；

❷ 接下来其中的一个十位数加1，再和另外一个十位数相乘，$2\times(2+1)=6$，

最后答案是625。

三位数情况就是：

$$105^2=105\times105=11025$$

列式为

$$\begin{array}{r} 105 \\ \times\ 105 \\ \hline 11025 \end{array}$$

❶ 个位上的两个 5 相乘 $5\times5=25$;

❷ 前面的 10 可以看成是一体的，$10\times(10+1)=110$，

最后，答案为 11025。

习题:

1. $15^2=$______　2. $25^2=$______

3. $35^2=$______　4. $45^2=$______

5. $55^2=$______　6. $65^2=$______

7. $75^2=$______　8. $85^2=$______

9. $95^2=$______　10. $105^2=$______

11. $115^2=$______　12. $125^2=$______

13. $135^2=$______

答案:

1. 225;　2. 625;　3. 1225;　4. 2025;　5. 3025;　6. 4225;

7. 5625;　8. 7225;　9. 9025;　10. 11025;　11. 13225;　12. 15625;

13. 18225。

第二节　个位数接近 5

看到标题后好些人自然想到了，这是要利用个位数是 5 的平方速算法。

比如 $16^2=?$

$$\begin{aligned}16^2&=16\times16\\&=(15+1)\times(15+1)\\&=(15+1)\times15+(15+1)\times1\\&=15^2+15+16\\&=225+31\\&=256\end{aligned}$$

再比如 $27^2=?$

$$\begin{aligned}27^2&=27\times27\\&=(25+2)\times(25+2)\\&=25^2+25\times2+25\times2+2\times2\\&=625+50+50+4\\&=729\end{aligned}$$

接下来利用我们上面的方法进行练习：

1. $46^2=$__________　2. $56^2=$__________

3. $47^2=$__________　4. $57^2=$__________

5. $106^2=$__________　6. $107^2=$__________

答案：

1. 2116;　2. 3136;　3. 2209;　4. 3249;　5. 11236;　6. 11449。

根据上面的计算，不难看出这些数的个位数都是比 5 大的，那比 5 小的情况呢?

比如 $34^2=?$

$$
\begin{aligned}
34^2&=34\times34\\
&=(35-1)\times(35-1)\\
&=35^2-35-35+1\\
&=1225-69\\
&=1156
\end{aligned}
$$

其实这种平方速算方法，完全可以变通一下，不只是靠近个位是5的情况，完全可以通过靠近已知结果的平方，像是靠近 10^2、20^2、30^2…都可以通过这样的方法进行计算。

比如 $29^2=?$

$$
\begin{aligned}
29^2&=29\times29\\
&=(30-1)\times(30-1)\\
&=30^2-30-30+1\\
&=900-59\\
&=841
\end{aligned}
$$

因此，只要是一个数靠近我们已知的平方数，我们就可以用简便的方法求出这个数的平方。

习题：

1. $39^2=$________　　2. $49^2=$________

3. $59^2=$________　　4. $69^2=$________

5. $79^2=$________　　6. $24^2=$________

7. $44^2=$________　　8. $54^2=$________

9. $64^2=$________　　10. $74^2=$________

答案：

1. 1521； 2. 2401； 3. 3481； 4. 4761； 5. 6241； 6. 576；
7. 1936； 8. 2916； 9. 4096； 10. 5476。

第三节　两位数的乘方速算法

让我们先看一看下面的乘法运算:

$$11^2=(11+1)/1^2=12/1=121$$

$$12^2=(12+2)/2^2=14/4=144$$

$$13^2=(13+3)/3^2=16/9=169$$

$$14^2=(14+4)/4^2$$
$$=18/16$$
$$=(18+1)/6$$
$$=196$$

$$15^2=(15+5)/5^2$$
$$=20/25$$
$$=(20+2)/5$$
$$=225$$

$$16^2=(16+6)/6^2$$
$$=22/36$$
$$=(22+3)/6$$
$$=256$$

$$17^2=(17+7)/7^2$$
$$=24/49$$
$$=(24+4)/9$$
$$=289$$

$$18^2=(18+8)/8^2$$
$$=26/64$$
$$=(26+6)/4$$
$$=324$$

$$19^2=(19+9)/9^2$$
$$=28/81$$
$$=(28+8)/1$$
$$=361$$

想必大家都看明白了，这里还是要总结一下：

第一，斜线只是起一个区分作用；

第二，斜线之前是以 10 为基准数，平方数比 10 多几个就加上几个。

第三，斜线的后面只能有一位数，在出现两位数的时候，要把右边一位留下，左边一位加到斜线的左边。

这只是对 11 到 19 段的乘方进行了总结，那么超过 20 的情况怎么办呢？

其实方法是一样的，不过斜线前面的和还要乘以 2 才好。因为，20 是 10 的 2 倍。

$$21^2=2\times(21+1)/1^2=44/1=441$$

$$22^2=2\times(22+2)/2^2=48/4=484$$

$$23^2=2\times(23+3)/3^2=52/9=529$$

$$24^2=2\times(24+4)/4^2$$
$$=56/16$$
$$=(56+1)/6$$
$$=576$$

看到 11 到 19、21 到 29 段的乘方，那么对于 31~39、41~49…91~99 段的乘方速算法，我们是不是都掌握了呢?

$$31^2=3\times(31+1)/1^2=96/1=961$$

$$32^2=3\times(32+2)/2^2=102/4=1024$$

…

$$41^2=4\times(41+1)/1^2=168/1=1681$$

…

$$99^2=9\times(99+9)/9^2$$
$$=972/81$$
$$=972+8/1$$
$$=9801$$

在掌握了两位数不同段位的乘法速算之后，请大家运用所学速算法，完成下面的计算。

习题：

1. 37^2=______ 2. 39^2=______

3. 43^2=______ 4. 47^2=______

5. 56^2=______ 6. 72^2=______

7. 86^2=______ 8. 89^2=______

9. 92^2=______ 10. 97^2=______

答案：

1. 1369； 2. 1521； 3. 1849； 4. 2209； 5. 3136；

6. 5184； 7. 7396； 8. 7921； 9. 8464； 10. 9409。

第二部分　多次“乘法”——两位数的立方速算

在进行两位数的立方运算之前，让我们先看一看下面的计算过程：

$$(a+b)^3$$

$$=a^3+3a^2b+3ab^2+b^3$$

$$=(a^3+a^2b+ab^2+b^3)+(2a^2b+2ab^2)$$

经过分解后，原来 $a+b$ 的立方就变成了上下两部分相加的情况，并且认真对上式 $a^3+a^2b+ab^2+b^3$ 进行观察，不难得出：

$$\frac{a^3\times b}{a}=a^2b\text{；}\quad \frac{a^2b\times b}{a}=ab^2\text{；}\quad \frac{ab^2\times b}{a}=b^3.$$

也就是说所有数据之间都存在一个比例，只要找到这个比例我们的计算就会变得简单了。

我们以13的立方为例，来说一说里面的对应关系，其实十位上的1就是 a，个位上的3就是 b，$\frac{b}{a}=3$。

而算式

$$(a^3+a^2b+ab^2+b^3)$$
$$+(2a^2b+2ab^2)$$

里面的

$$a^3=1^3=1,$$

$$a^2b=\frac{a^3\times b}{a}=1\times 3=3,$$

$$ab^2=\frac{a^2b\times b}{a}=3\times3=9,$$

$$b^3=\frac{ab^2\times b}{a}=9\times3=27,$$

那么

$$2a^2b=2\times3=6,$$

$$2ab^2=2\times9=18$$

上下对应，把所有的答案都相加在一起，得

$$\begin{array}{cccc} 1 & 3 & 9 & 27 \\ & 6 & 18 & \\ \hline 2 & 1 & 9 & 7 \end{array}$$

具体方法是：

(1) 这里的 27，保留下 7，进上去了 2；

(2) 随后 2 和 18、9 相加、得数为 29，保留 9，进上去 2；

(3)2 再与 6 和 3 相加的数为 11，保留 1 进上去 1；

(4)1 加 1 等于 2。

最后结果为 2197，也就是

$13^3=2197$。

接下来，让我们对 23 的立方进行计算：

根据

$$(a^3+a^2b+ab^2+b^3)$$
$$+(2a^2b+2ab^2)$$

并且 $a=2$，$b=3$，则$\frac{b}{a}=\frac{3}{2}$，得出

$$a^3=2^3=8,$$

$$a^2b=8\times\frac{3}{2}=12,$$

$$ab^2=12\times\frac{3}{2}=18,$$

$$b^3=18\times\frac{3}{2}=27,$$

$$2a^2b=2\times12=24,$$

$$2ab^2=2\times18=36。$$

上下对应，把所有的答案都相加在一起，得

$$\begin{array}{cccc} 8 & 12 & 18 & 27 \\ & 24 & 36 & \\ \hline 12 & 1 & 6 & 7 \end{array}$$

具体方法是：

(1) 这里的 27 保留 7 进上去 2；

(2)18+36+2=56 保留 6，进上去 5；

(3)12+24+5=41 保留 1 进上去 4；

(4)8+4=12；

最后的结果是 12167，也就是说

$$23^3=12167。$$

接下来运用我们所学的方法对下面的算式进行计算：

1. 18^3=______　　2. 24^3=______

3. 32^3=______　　4. 58^3=______

5. 67^3=______　　6. 74^3=______

7. 82^3=______　　8. 92^3=______

9. 97^3=______　　10. 99^3=______

答案：

1.

18^3	$a=1$	$b=8$	$b/a=8$	
	$a^3=1$	$a^2b=8$	$ab^2=64$	$b^3=512$
		$2a^2b=16$	$2ab^2=128$	
$18^3=$	5	8	3	2

$18^3=5832$

2.

24^3	$a=2$	$b=4$	$b/a=2$	
	$a^3=8$	$a^2b=16$	$ab^2=32$	$b^3=64$
		$2a^2b=32$	$2ab^2=64$	
$24^3=$	13	8	2	4

$24^3=13824$

3.

32^3	$a=3$	$b=2$	$b/a=2/3$	
	$a^3=27$	$a^2b=18$	$ab^2=12$	$b^3=8$
		$2a^2b=36$	$2ab^2=24$	
$32^3=$	32	7	6	8

$32^3=32768$

4.

58^3	$a=5$	$b=8$	$b/a=8/5$	
	$a^3=125$	$a^2b=200$	$ab^2=320$	$b^3=512$
		$2a^2b=400$	$2ab^2=640$	
$58^3=$	195	1	1	2

$58^3=195112$

5.

67^3	$a=6$	$b=7$	$b/a=7/6$	
	$a^3=216$	$a^2b=252$	$ab^2=294$	$b^3=343$
		$2a^2b=504$	$2ab^2=588$	
$67^3=$	300	7	6	3

$67^3=300763$

6.

74^3	$a=7$	$b=4$	$b/a=4/7$	
	$a^3=343$	$a^2b=196$	$ab^2=112$	$b^3=64$
		$2a^2b=392$	$2ab^2=224$	
$74^3=$	405	2	2	4

$74^3=405224$

7.

82^3	a=8	b=2	b/a=1/4	
	a^3=512	a^2b=128	ab^2=32	b^3=8
		$2a^2b$=256	$2ab^2$=64	
82^3=	551	3	6	8

82^3=551368

8.

92^3	a=9	b=2	b/a=2/9	
	a^3=729	a^2b=162	ab^2=36	b^3=8
		$2a^2b$=324	$2ab^2$=72	
92^3=	778	6	8	8

92^3=778688

9.

97^3	a=9	b=7	b/a=7/9	
	a^3=729	a^2b=567	ab^2=441	b^3=343
		$2a^2b$=1134	$2ab^2$=882	
97^3=	912	6	7	3

97^3=912673

10.

99^3	a=9	b=9	b/a=1	
	a^3=729	a^2b=729	ab^2=729	b^3=729
		$2a^2b$=1458	$2ab^2$=1458	
99^3=	970	2	2	9

99^3=970229

独特的开方运算
——神奇的印度开平方和开立方法

开方其实就是乘方的逆运算，我们应当结合乘方的速算法来研究开方，这样大家可能会比较容易理解。

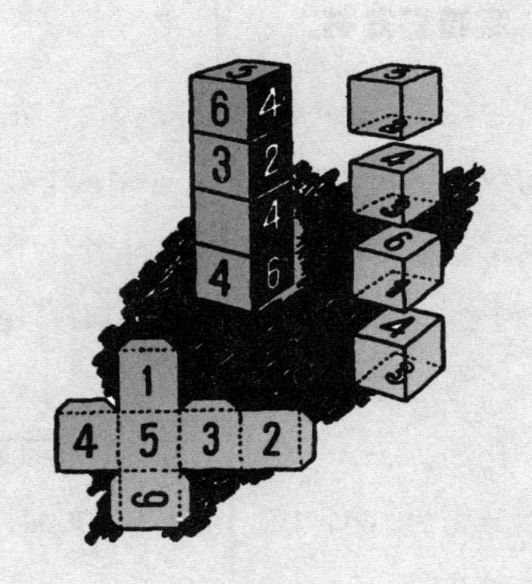

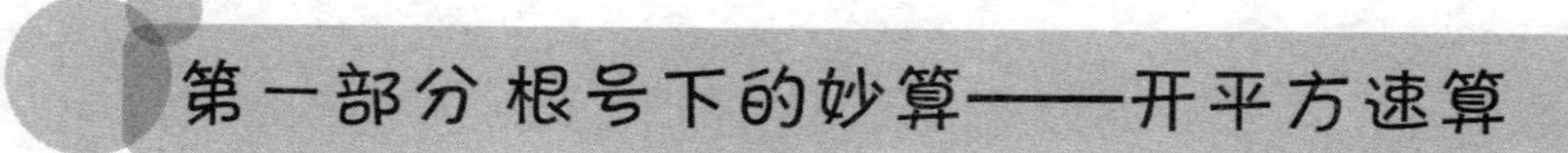

第一节 开方口算法

在学习开平方的速算之前，首先要了解一下下面的内容。

什么是开平方？已知一个正整数 x，假如求出 $y^2=x$，那么求 y 的过程就是开平方，其中被开方数为 x，y 为 x 的平方根。可见开平方和乘方两者互为逆运算。开平方的符号就是“$\sqrt{\ }$”，x 的平方根标记为 $\pm\sqrt{x}$，好比如 2 是 4 的平方根，标记为 $2=\sqrt{4}$。

九九平方根表

a	1	4	9	16	25	36	49	64	81
$\sqrt{a}$	1	2	3	4	5	6	7	8	9

熟记这个表格会有助于我们之后对平方根进行测算。

定位与分节

把被开方数的整数部分，从右到左每两位分为一个小节，最后不足两位的可以当成一个小节处理，小节的个数就是整数根的位数。同理，把小数部分从左到右，每两个数字分为一个小节，最后不足两位的要用 0 来补充，小节的个数就是小数根的个数。分节符号就是“’”。

比如$\sqrt{144}$，$\sqrt{121}$，$\sqrt{15129}$，$\sqrt{9604}$，$\sqrt{1024}$，$\sqrt{20.7936}$，$\sqrt{0.00576}$被开方数分别为 144，121，15129，9604，1024，20.7936，0.00576 具体分节方法如下：

1’44，1’21，1’51’29，96’04，10’24，20.79’36，0.00’57’6。

其中，第一个非零的数字节就做首节，往后依次为第二节、第三节……比如$\sqrt{20.7936}$的被开方数20.7936分节结果为20.79’36，其中首节是20，第二节是79，第三节是36。还有$\sqrt{0.00576}$被开方数0.00576的分节结果为0.00’57’6，其中首节是57，第二节是6，因为我们的首节定义是非零小节。

根据划分出的小节，我们把对应的数根称作是首根、次根、三根……

就以$\sqrt{20.7936}$=4.56为例，首根是4，次根是5，三根是6。而$\sqrt{0.00576}$=0.024的首根为2，次根为4。

接下来我们要说的就是开平方运算，我们开平方运算依据的是

$$(a+b)^2=a^2+2ab+b^2$$

我们这里只对折半开平方法进行讲述：

❶ 如同我们前面讲过的，对被开方数进行分节；

❷ 根据九九开方表得出首根，并且记录下来，然后把首节和首根的平方数相减，并记录下余数，然后再乘以$\frac{1}{2}$；

❸ 用余数的首二位或者首位除以a，得出次根b，并且记录下来，令其余数减去$ab/\frac{b^2}{2}$；

❹ 用余数除以首、次根得出三根c，然后进行记录，令其余数减去ac、bc和$\frac{c}{2}$；

❺ 如此类推求出四根、五根、六根……

比如$\sqrt{676}=?$

❶ 心里默默记下被开方数，重点是首节6；

❷ 利用九九开方表得出首根为2，4的开方结果为2，首节减去首根的平

方，即 $6-2^2=2$，余数为 276，$276\times\frac{1}{2}=138$；

❸ 138 的首二位 13 除以首根 2，得出次根 6，余数 138 减去 $ab/\frac{b^2}{2}$，即 $138-2\times 6/\frac{6^2}{2}=138-12/18=138-138=0$，
刚好开尽。

具体过程如下：

第一　6’76 ——被开方数

第二　　根据九九开方表得出首根

-4 ——首根 2 的平方

276 ——余数

138 ——余数 $\times\frac{1}{2}$

第三　-12 ——首根、次根的乘积

-18 ——次根平方的一半

0

运用上述方法对下列的开平方进行计算：

1. $\sqrt{1444}$ =________　　2. $\sqrt{3364}$ =________

3. $\sqrt{8836}$ =________　　4. $\sqrt{15376}$ =________

答案：

1. 38；　2. 58；　3. 94；　4. 124。

第二节　平方根的寻找方法

根据我们熟知的平方数，我们可以顺利写出它们的平方根，比如：

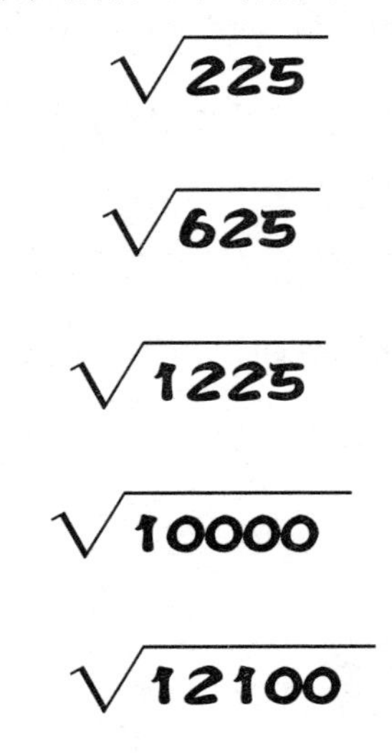

…

可对于我们不熟悉的，我们就需要有一个有效的测算方法。

具体的测算步骤是：

❶ 试着猜出一个数为最后结果；

❷ 用被开方数除以我们猜出的数；

❸ 算出以上两步结果的平均数；

对❷和❸两步进行重复，直到我们得出最后的近似值。

比如：$\sqrt{14}=?$

❶ 我们试着猜最后结果为 3；

❷ $14\div3=\frac{14}{3}$；

❸ 求出上面两步的平均值 $(3+\frac{14}{3})\div2\approx3.8$。

而3.8的平方为14.44，让我们看一看是不是还有比较接近的结果。

重复第二步，$14 \div 3.8 \approx 3.68$；

重复第三步，求出3.8和3.68的平均值，$(3.8+3.68) \div 2=3.74$；

而3.74的平方为13.9876，这已经相当接近14了，所以3.74和$\sqrt{14}$比较接近。

你会不会还有其他好办法呢？如果没有其他办法，这也不失为好方法，只要你猜对了合适的结果，两次就可以得出合适的答案。

第二部分　由点到面的拓宽——整立方根速算

什么是开立方?

如果 $x^3=y$，在已知 y 的情况下求 x 的运算就叫做对 y 的开立方，其中的 y 是被开方数，x 是 y 的立方根。立方根的运算符号是“$\sqrt[3]{\ }$”。比如，27 的立方根是 3，用符号表示为 $\sqrt{27}=3$。开立方同样是乘方的逆运算。

立方根表

被开方数	1	8	27	64	125	216	343	512	729
立方根	1	2	3	4	5	6	7	8	9

定位和分节

把被开方数以小数点作为起点，整数部分向左数，每三位分为一节，最后不足三位的要看成三位当成一节，最后的小节的个数就是整数根的个数；小数部分向右数，同样是每三位一节，最后小节的个数就是小数根的个数。分节符号同样是“’”。

比如：

$$\sqrt[3]{1728}$$

$$\sqrt[3]{46656}$$

$$\sqrt[3]{0.012167}$$

$$\sqrt[3]{21.952}$$

四个被开方数分别是 1728，46656，0.012167，21.952，分节表示为：

1’728，46’656，0.012’167，21.952。

我们开立方根据的原理就是 $(a+b)^3=a^3+3a^2b+3ab^2+b^3$，方法有很多，我们同样只介绍一种乘减开立方法。

主要步骤如下：

❶ 按照前面说的方法进行分节；

❷ 根据立方根表找到首根，并且在首节中减去首根的立方；

❸ 用余数除以首根平方的 30 倍，得出的结果就是次根，运用错位减去首次根的乘积的 30 倍，另外乘以首根 / 次根，最后在减去次根的立方；如此类推，求出三根、四根……

就以前面说过的$\sqrt[3]{1728}$为例，

第一，把分节后的被开方数 1′728 放入我们心里；

第二，根据立方根表求出首根为 1，$1^3=1$，相减求出余数为 728；

第三，把第二节的末位舍去，除以 $(1^2\times30)$，得出次根为 2，错位相减。也就是

$$728-(1\times2\times12\times30+2^3)=0$$，刚好开尽。

所以 $\sqrt[3]{1728}=12$。

具体过程如下：

1’728——被开方数

求出首根 1

−1 ——首根立方

728 ——余数

720 ——减去首根乘以次根、乘以首 / 次根、乘以 30

8 ——减去次根的乘积

0 ——开尽

再比如$\sqrt[3]{0.012167}$的计算过程

❶ 把分节后的被开方数 0.012’167 放入心里；

❷ 根据立方根表得出首根 2，被开方数减去首根 2^3，求出余数为 4167；

❸ 把第二节的末位舍去后得出 416，随后在除以首根平方的 30 倍，得出次根 3，而

$$4167-(2\times3\times23\times30+3)=0,$$

刚好开尽。所以 $\sqrt[3]{0.012167}=0.23$。

运用我们刚刚学过的口算法进行下面的练习：

1. $\sqrt[3]{46656}=$________ 2. $\sqrt[3]{21.952}=$________

3. $\sqrt[3]{75.686967}=$________ 4. $\sqrt[3]{1860867}=$________

答案：

1. 36； 2. 2.8； 3. 4.23； 4. 123。

第五章

脑袋转一转加法有答案
——印度加法的速算

和乘除相比，加法自然是容易很多，可是在遇到较大数目相加时，我们还是要运用一些速算法来提高效率才好。

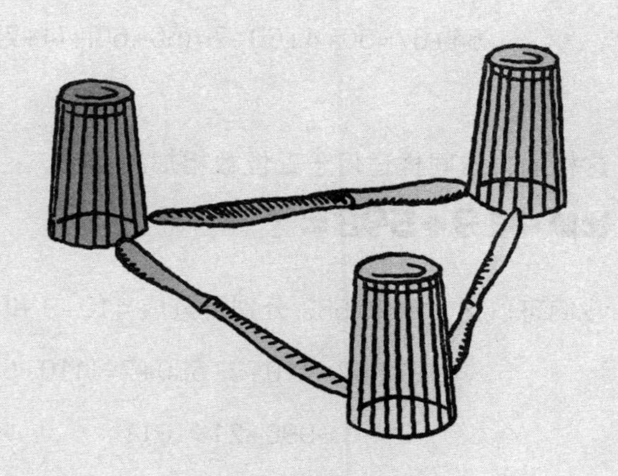

第一部分　加法拆分算，越拆越简单——分解法

和乘除比较，加法相对简单一些，我们所运用的方法主要是通过拆分使得运算变得简单。

比如68+51=？

我们可以把 68 拆分成 60+8，把 51 拆分成 50+1，这样上面的算式就可以写成

60+8+50+1=(50+60)+(8+1)=110+9=119。

比如54+67=？

我们把 54 和 67 分别拆分成 50+4 和 60+7，也就是说

54+67=50+4+60+7=(50+60)+(4+7)=110+11=121。

这样的方法同样适用于三位数相加的情况。

比如419+598=？

我们可以把 419 和 582 分别拆分成 410+9 和 580+2，也就是说

419+582=410+9+580+2=(410+580)+(19+2)

=990+21=1011。

其他多位数的情况同样不例外，另外拆分法还有一种，那就是一个增加，一个减小，增大和减小的是同样的数。

比如 148+36=？

我们可以把 148 和 36 分别拆分成 148+2 和 36−2，也就是说

148+36= 150+34=184。

还有像是 **998+86=？**

我们可以把 998 和 86 分别拆分成 998+2 和 86−2，也就是说

998+86=1000+84=1084。

习题练习：

1. 986+68=__________ 2. 64+97=__________

3. 718+612=__________ 4. 2394+88=__________

5. 907+812=__________ 6. 691+708=__________

答案：

1. 1054； 2. 161； 3. 1330；

4. 2482； 5. 1719； 6. 1399。

第二部分 加法凑整算，好玩儿又方便——凑整法

针对加法运算，我们还可以利用补数。

比如 **18+47=？**

因为 18+2=20，8 和补数 2 相加就要进一位。20+47=67，我们还要在总数

面减去补数，67−2=65。

又比如：

$$97+64=100+64-3$$
$$=164-3=161$$

$$198+357=200+357-2$$
$$=557-2=555$$

$$9992+472=10000+472-8$$
$$=10472-8=10464$$

接下来让我们这样的情况进行总结：

只有在产生进位情况的时候，我们利用补数求和才会显得简单。比如72+21=？，我们可以直接写出答案，根本无需利用补数求和。可是对于可以产生进位的499+673=？就不同了，几乎所有的位数相加都可以产生进位，这样我们就可以利用补数原理，把499+1变化为500，结果题目变得简单了很多。

对于具体方法的运用。我们上面已经列举很多例子，这里就不在多说了。提醒大家几点需要注意的地方：

★ 第一，最后的结果一定要把开始加上的补数减去，这样才能达到等式两边的平衡；

★ 第二，具体对哪一级的补数进行利用要掌握好规律，这需要大家多多练习才好。

通过对补数的利用，把原本零散的计算变成了整数求和，这样让我们节省了很多时间，效率提高了很多。

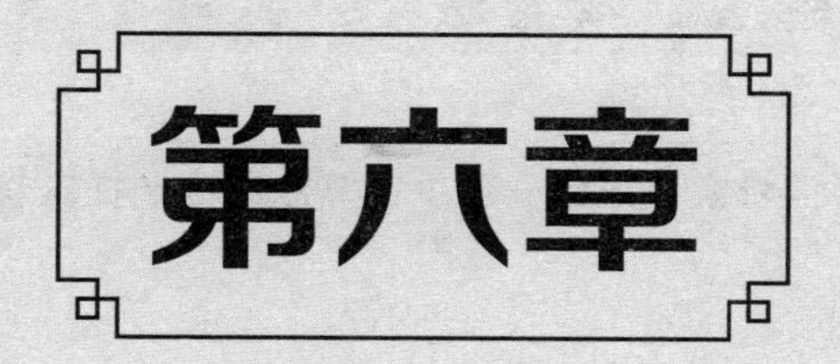

掐指算一算减法有答案
——印度减法的速算

有了加法速算法，减法的自然不会少，而且两者可以互为参考。

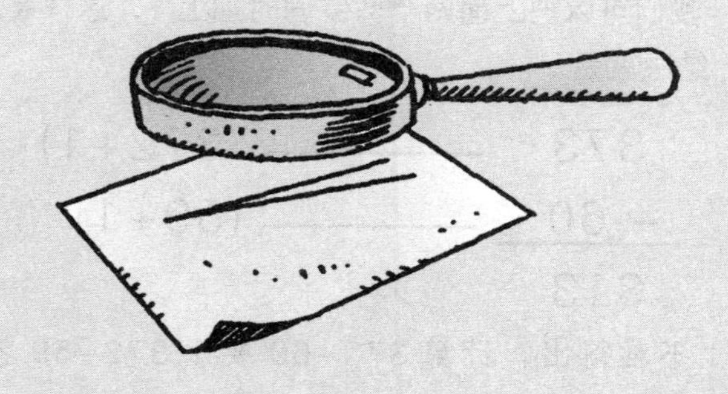

第一部分 减法拆开算，计算更方便
——分解法、凑整法

对于传统的减法运算，我们时常要用到，通过速算方法可以提高我们的运算速度，节约效率。

我们首先看一看传统的减法运算：

372-59=？

$$\begin{array}{r} 372 \\ -\ 59 \\ \hline 313 \end{array}$$

首先从右边开始，2 比 9 小无法减开，要向十位借 1，这样个位数就变成了 12，12 减去 9 等于 3。十位被借去 1 之后剩下了 6，6 减去 5 等于 1，所以最后结果为 313。

运用速算法，上面的计算就很容易了 。

我们可以把上面两个数字同时加上 1，这样最后的结果不会发生改变。结果就是

$$\begin{array}{rl} 373 & \text{————} (372+1) \\ -\ 60 & \text{————} (59+1) \\ \hline 313 & \end{array}$$

不难得出，计算 373-60 要比 372-59 容易许多。这其实就是简单的代数原理，被减数和减数同时加上或者减去某个数，其算式的结果不会发生改变。

也就是说：

$$(x+a)-(y+a)=x+a-y-a=x-y,$$

$$(x-b)-(y-b)=x-b-y+b=x-y.$$

再来看下面的例子：

123-28=？

我们可以使被减数和减数同时加上 2，得出

$$(123+2)-(28+2)=125-30=95。$$

919-83=？

我们可以使被减数和减数同时减去 3，得出

$$(919-3)-(83-3)=916-80=836。$$

以上是同时对两个数进行拆分整合的，我们还可以只针对一个数进行拆分整合。

比如：**62-31=？**

我们可以使得 62 首先减去 30 然后再减去 1，这样

$$62-31=62-30-1=32-1=31。$$

再比如：**71-39=？**

我们可以使得 71 首先减去 40，然后在加上多减去的补数 1，也就是

$$71-39=71-40+1=31+1=32。$$

通过这样的拆分凑整可以使我们的计算效率提高很多。

习题：

1. 213-19=________ 2. 412-19=________

3. 341-117=________ 4. 572-98=________

5. 981-79=________ 6. 6213-998=________

答案：

1. 194；　2. 393；　3. 224；

4. 474；　5. 902；　6. 5215。

第二部分　有共同特点的减法的神机妙算
——特殊减法的速算

我们下面说的方法是针对个别被减数和减数的，算式要满足的条件就是，被减数是 10 的 n 次方，减数要比被减数小。

计算要遵循的规则就是最后一位以 10 相减，其他用 9 相减。

比如：**1000-647=？**

我们只要用10和减数的7相减，然后分别用9和减数的6和4相减就可了。

9-6=3，9-4=5，10-7=3，所以

1000-647=353。

再比如：**10000-9624=？**

其中，9-9=0，9-6=3，9-2=7，10-4=6。所以

10000-9624=376。

但是对于被减数和减数相差较大，好比是：10000-96=？

那我们就要用 0 在减数的左边补充到和被减数相差一位的情况。也就是

10000-0096=？

这样 9–0=9，9–0=9，9–9=0，10–6=4，也就是说

10000–96=9904。

再有一种情况就是 **1031–987=？**

我们可以把 1031 拆分成 1000 和 31。

首先用 1000–987，9–9=0，9–8=1，10–7=3，所以

1000–987=13，

然后再用 13 和 31 相加就可了，13+31=44 也就是

1031–987=44。

习题：

1.100–64=__________ 2.1000–643=__________

3.1000–719=__________ 4.10000–9123=__________

5.10000–1239=__________ 6.1127–998=__________

7.10011–6432=__________ 8.10000–209=__________

9.10009–89=__________

答案：

1. 36； 2. 357； 3. 281； 4. 877； 5. 8761；

6. 129； 7. 3579 8. 9791； 9. 9920。

第三部分　加减一起来——共同的口算

由于加减法相对于乘除要简单很多，所以，我们就把加减的口算合在了一起。本节的内容不仅仅包含减法，同样包含加法。

第一节　一位数的加减口算法

一位数的加法原本相对简单，只是由于多位数的加法也要以一位数的加法为基础，所以我们有必要熟练记忆一位数的加法口算。

具体我们可以分为两大类：

第一，相加不足 10 的情况；

第二，相加满 10 的情况。

具体如表所示：

同样一位的减法也是基础运算，我们也要熟练掌握。

1+1	2+1	3+1	4+1	5+1	6+1	7+1	8+1
1+2	2+2	3+2	4+2	5+2	6+2	7+2	
1+3	2+3	3+3	4+3	5+3	6+3		
1+4	2+4	3+4	4+4	5+4			
1+5	2+5	3+5	4+5				
1+6	2+6	3+6					
1+7	2+7						
1+8							

9+1	9+2	9+3	9+4	9+5	9+6	9+7	9+8	9+7
	8+2	8+3	8+4	8+5	8+6	8+7	8+8	8+9
		7+3	7+4	7+5	7+6	7+7	7+8	7+9
			6+4	6+5	6+6	6+7	6+8	6+9
				5+5	5+6	5+7	5+8	5+9
					4+6	4+7	4+8	4+9
						3+7	3+8	3+9
							2+8	2+9
								1+9

同样是分为两类：

第一，不退位的减法；

第二，退位的减法。

具体如表所示：

9-1	9-2	9-3	9-4	9-5	9-6	9-7	9-8	9-9
8-1	8-2	8-3	8-4	8-5	8-6	8-7	8-8	
7-1	7-2	7-3	7-4	7-5	7-6	7-7		
6-1	6-2	6-3	6-4	6-5	6-6			
5-1	5-2	5-3	5-4	5-5				
4-1	4-2	4-3	4-4					
3-1	3-2	3-3	3-4					
2-1	2-2							
1-1								

10-1	10-2	10-3	10-4	10-5	10-6	10-7	10-8	10-9
11-2	11-3	11-4	11-5	11-6	11-7	11-8	11-9	
12-3	12-4	12-5	12-6	12-7	12-8	12-9		
13-4	13-5	13-6	13-7	13-8	13-9			
14-5	14-6	14-7	14-8	14-9				
15-6	15-7	15-8	15-9					
16-7	16-8	16-9						
17-8	17-9							
18-9								

第二节　依照顺序逐位计算

加减最基本的口算还是顺序计算。我们一定要注意，就是把所有数的位数对整齐，从高到低逐位计算。加法要注意的是后面一位的进位，也就是在对前一位进行计算的同时要注意观察后面一位，看是否满 10，如果满 10 就要进 1；减法要注意的是后面的是否可以减的开，假如减不开，就要考虑前一位的退位问题。

然后大家看下面的例题计算：

28.17+31.26=？

口算过程如下：

第一，十位上的 2 和 3 相加，后位相加不满 10，所以 2+3 结果是 5；

第二，个位上的 8 和 1 相加，后面的相加不满 10，所以 8+1 结果为 9；

第三，十分位上的 1 和 2 相加，后面的相加满 10，要进 1，所以 1+2+1 结果等于 4；

第四，百分位上的 7 和 6 相加，因为前面进上了 1，所以这里只写 3，十位上的数字不必再写了。

最后得出

28.17+31.26=59.43。

2316-1844=?

口算过程如下：

❶ 首先是千位上的数相减，2-1=1，可是后面位上的数不够减，所以应当退位，1-1=0；

❷ 百位数有了借来的10就成了13,13-8=5，可是后面一位仍然不够减，所以退位后就成了12-8=4；

❸ 十位上的数11-4=7；

❹ 个位上的数6-4=2；

最后得出

2316-1844=472。

3244-1988=?

口算过程如下：

❶ 千位上的3-1=2，但是后面一位不够减，所以是2-1=1；

❷ 百位上的12-9=3，后面同样不够减，所以11-9=2；

❸ 十位上的14-8=6，后面一位依旧不够减，所以13-8=5；

❹ 个位上的14-8=6；

最后得出

3244-1988=1256。

习题：

1.3856+4728= ________ 2.1473+924= ________

3.819+36742= ________ 4.657+2891= ________

5.7562+4726= ________ 6.2364−947= ________

7.4137−3274= ________ 8.5124−4768= ________

9.1234−817= ________

答案：

1.8584； 2.2397； 3.37561； 4.3548； 5.12288；

6.1417； 7.863； 8.356； 9.417。

第七章

另一片天空
——印度数学的分数问题

我们在学习除法的时候有很多除不尽的情况，最后结果往往用商和余数表示，印度数学则是提倡用小数表示。有时也利用分数表示。回顾分数的知识，将有助于我们后面对方程的学习。

第一部分　数学中的小魔术——分数的转换

很多人都知道 $1\frac{1}{2}=\frac{3}{2}$，$1\frac{1}{4}=\frac{5}{4}$，$\frac{1}{2}=0.5$，$\frac{1}{10}=0.2$，其中，前两个是分数的内部转换问题，（带分数转换为假分数）后两个是分数的外部转换问题。（分数和小数的相互转换）对于两种不同的情况，我们要分别讲解。

第一种是带分数和假分数的相互转换。

我们就以$1\frac{3}{4}$和$\frac{7}{4}$的转换为例。

首先要用带分数的整数部分和分母相乘，用得出的结果加上分子作为假分数的分子，这里假分数的分子 $=1\times4+3=7$；

其次，带分数的分母和假分数的分母保持一致。所以带分数$1\frac{3}{4}$转化出的假分数就是$\frac{7}{4}$。

再比如把$2\frac{3}{8}$转化为假分数。

首先我们要求出假分数的分子 $=2\times8+3=19$。

然后，根据分母保持一致的说法，写出假分数为$\frac{19}{8}$。

我们上面说的都是分数的内部转化问题，接下来，我们要说的是分数和小数的转化问题。

多数人都知道$\frac{1}{2}=0.5$，由此我们可以推论得出$\frac{1}{4}=0.25$、$\frac{1}{8}=0.125$、$\frac{1}{16}=0.0625$、$\frac{1}{32}=0.03125$。之所以可以这样快速计算是因为只要把两边同时除以 2 就可了。

$$0.5\div2=0.25$$

$$0.25\div2=0.125$$

$$0.125\div2=0.0625$$

$$0.0625\div2=0.03125$$

同样，根据$\frac{1}{10}=0.1$，我们可以推论出$\frac{2}{10}=0.2$，$\frac{3}{10}=0.3$，$\frac{4}{10}=0.4$，$\frac{5}{10}=0.5$，…，$\frac{9}{10}=0.9$，这都是相同的原理。

对于这些常用的转换我们一定要熟记才好，可是有些东西，我们是无法熟练记忆的，但是我们可以掌握其中的规律。

比如把$\frac{1}{17}$转化成小数，并且要求是保留到小数点之后第16位，结果为0.0588235294117647。我们看到这样的结果会感到很头痛，其实这里面还是有规律可循的。

我们认真观察小数部分，从左到右分出两个部分05882352和94117647，不难发现，相互对应位置上的两个数字相加等于9，也就是说0+9=5+4=8+1=8+1=2+7=3+6=5+4=2+7=9。后面的同样是如此循环不止，它们互为9的补数。这样我们只要记住前面的几位后面的就不言而喻了。

这样的情况还有很多，像是$\frac{2}{17}=0.1176470588235294$。

除了分母为17的情况，还有19，7，…

$\frac{1}{19}=0.0526315789473684 21$

$\frac{1}{7}=0.142857$

以后我们看到这些，先不要慌张，只要认真观察，就能找到其中的规律。

第二部分　别样的加减乘除——分数的计算

第一节　分数加减法

分数其实就是部分整数，我们前面讲到了分数的转换，其实分数还可以和算式发生转换，它就相当于一个除法算式，比如$\frac{1}{2}=1\div2$。

下面我们重点讲解分数的加减法。

要学透分数的加减法，首先要了解一下分数的约分和通分。

把同一分数的分子、分母同时除以它们的公因数，进行化简就叫做约分。

比如：对$\frac{12}{42}$进行约分，过程如下：

❶ 找到它们的公因数2和3，也就说最大公因数为$2\times3=6$；

❷ 分子分母同时除以最大公因数6,$12\div6=2$,$42\div6=7$；

❸ 得出最后结果为$\frac{2}{7}$。

而$\frac{96}{512}$的约分过程则是：

❶ 找到公因数8和4，最大公因数为$8\times4=32$；

❷ 分子分母同时除以最大公因数，得出$\frac{3}{16}$，这就是约分结果。

通分是针对两个或者两个以上分数而言的，它是要把两个分数的分母变得一致。通分要寻找的是最小公倍数。

例如把$\frac{2}{9}$和$\frac{4}{13}$通分。过程如下：

❶ 找到两个分母的最小公倍数$9\times13=117$；

❷ 两个分数的分子分别乘以对应的倍数，$2\times13=26$,$4\times9=36$，通分结果就是$\frac{26}{117}$和$\frac{36}{117}$。

显然约分和通分的关键是找到最大公因数和最小公倍数，一定要多加练习提高速度。

在了解了约分和通分之后，分数加减法也就不会在难倒我们了。通过通分我们可以把算式内的分数通分，也就是分母变得一致，然后对分子进行计算，最后结果在经过约分就可以了。

比如：$\frac{1}{3}+\frac{1}{4}=?$

❶ 我们找到 3 和 4 的最小公倍数为 12；

❷ 通分两个分数为$\frac{4}{12}$和$\frac{3}{12}$；

❸ 对分子进行计算得出 4+3=7，最后结果就是$\frac{7}{12}$。

也就是说$\frac{1}{3}+\frac{1}{4}=\frac{7}{12}$。

其他的计算过程都是一样的：

$$\frac{1}{11}+\frac{7}{19}=\frac{19}{209}+\frac{77}{209}=\frac{19+77}{209}=\frac{96}{209}$$

$$\frac{2}{9}+\frac{7}{12}=\frac{8}{36}+\frac{21}{36}=\frac{8+21}{36}=\frac{29}{36}$$

减法的步骤是一样的：

$$\frac{7}{12}-\frac{1}{4}=\frac{7}{12}-\frac{3}{12}=\frac{7-3}{12}=\frac{4}{12}=\frac{1}{3}$$

$$\frac{7}{13}-\frac{3}{11}=\frac{77}{143}-\frac{39}{143}=\frac{77-39}{143}=\frac{38}{143}$$

在掌握了基本方法之后，请大家完成下面的练习：

1. $\frac{1}{3}+\frac{1}{7}=$______　　2. $\frac{2}{9}+\frac{3}{11}=$______

3. $\frac{7}{12}+\frac{1}{3}=$______　　4. $\frac{5}{8}-\frac{1}{3}=$______

5. $\frac{9}{17}-\frac{5}{12}=$______　　6. $\frac{9}{19}-\frac{5}{13}=$______

答案：

1. $\frac{1}{3}+\frac{1}{7}=\frac{7}{21}+\frac{3}{21}=\frac{7+3}{21}=\frac{10}{21}$；　　2. $\frac{2}{9}+\frac{3}{11}=\frac{22}{99}+\frac{27}{99}=\frac{22+27}{99}=\frac{49}{99}$；

3. $\frac{7}{12}+\frac{1}{3}=\frac{7}{12}+\frac{4}{12}=\frac{7+4}{12}=\frac{11}{12}$；　　4. $\frac{5}{8}-\frac{1}{3}=\frac{15}{24}-\frac{8}{24}=\frac{15-8}{24}=\frac{7}{24}$；

5. $\frac{9}{17}-\frac{5}{12}=\frac{108}{204}-\frac{85}{204}=\frac{108-85}{204}=\frac{23}{204}$；

6. $\frac{9}{19}-\frac{5}{13}=\frac{117}{247}-\frac{95}{247}=\frac{117-95}{247}=\frac{22}{247}$。

第二节　带分数的加减法

带分数的加减和分数的加减类似，我们可以对整数部分和分数部分拆分计算。

例如$1\frac{1}{2}+1\frac{1}{3}=?$

我们可以首先把整数部分相加 1+1=2，然后是分数部分相加$\frac{1}{2}+\frac{1}{3}=\frac{3+2}{6}=\frac{5}{6}$，最后结果是$2\frac{5}{6}$，也就是说，

$1\frac{1}{2}+1\frac{1}{3}=2\frac{5}{6}$。

减法是一样的，比如

$5\frac{3}{8}-3\frac{1}{9}=?$

我们可以首先计算整数部分 5−3=2，然后是分数部分$\frac{3}{8}-\frac{1}{9}=\frac{27-8}{72}=\frac{19}{72}$，最后结果为$2\frac{19}{72}$，也就是，

$5\frac{3}{8}-3\frac{1}{9}=2\frac{19}{72}$。

有种情况是大家一定要注意的，那就是分数部分减不开怎么办。遇到这样的情况我们一定要先从整数部分借 1，然后化成分数一起减。

比如$5\frac{1}{7}-2\frac{5}{9}=?$

其中的分数部分$\frac{1}{7}$就不够减$\frac{5}{9}$，这个时候我们要向整数部分借 1，变成$\frac{8}{7}$，然后用这个数减去$\frac{5}{9}$，也就是$\frac{8}{7}-\frac{5}{9}=\frac{72-35}{63}=\frac{37}{63}$，整数部分在被借去 1 之后再减去减数的整数部分也就是 5−1−2=2，最后结果为$2\frac{37}{63}$。

出就是 $5\frac{1}{7}-2\frac{5}{9}=2\frac{37}{63}$。

习题：

1. $3\frac{1}{6}+2\frac{1}{3}=$______　　2. $7\frac{7}{12}+6\frac{2}{5}=$______

3. $8\frac{9}{12}-3\frac{1}{3}=$______　　4. $7\frac{2}{9}-3\frac{1}{11}=$______

答案：

1. $5\frac{1}{2}$；　2. $13\frac{59}{60}$；　3. $5\frac{5}{12}$；　4. $4\frac{13}{99}$。

第三节　分数乘除法

我们经常使用的分数乘法其实就很好，我们要做的只是把以前学过的乘法算法运用就可以了。

面对分数乘法，我们要做的就是把分子相乘的积当做新分子，把分母相乘的积当做新分母，这样组成的新分数就是两个分数的乘积。

比如：

$$\frac{3}{4}\times\frac{2}{9}=\frac{3\times2}{4\times9}=\frac{6}{36}=\frac{1}{6}$$

$$\frac{4}{11}\times\frac{3}{7}=\frac{4\times3}{11\times7}=\frac{12}{77}$$

$$\frac{9}{17}\times\frac{11}{19}=\frac{9\times11}{17\times19}=\frac{99}{323}$$

在掌握了分数乘法之后，我们在面对分数除法之后就不必再惊慌了，我们只需要把第二个分数的分子和分母调换一下位置，然后再相乘就可以了。

比较明显的例子就是$\frac{1}{3} \div \frac{1}{6}$的情况，我们一眼就可以看出来结果为2，原因很简单$\frac{1}{3}$里面一共包含两个$\frac{1}{6}$。

可是其具体计算过程是怎样的，我们大家一起来看一看。

$$\frac{1}{3} \div \frac{1}{6} = \frac{1}{3} \times \frac{6}{1} = \frac{6}{3} = 2$$

第一步，是把第二个分数$\frac{1}{6}$分子分母对换位置，然后把除法改为乘法；

第二步，按照乘法的运算法则进行计算，把得出的结果约分到最简便。

再比如：$\frac{9}{17} \div \frac{6}{17} = ?$

计算过程如下：

$$\frac{9}{17} \div \frac{6}{17} = \frac{9}{17} \times \frac{17}{6} = \frac{3}{2} = 1\frac{1}{2}$$

习题训练：

1. $\frac{4}{7} \times \frac{4}{11} =$＿＿＿＿＿＿　2. $\frac{5}{18} \times \frac{3}{20} =$＿＿＿＿＿＿

3. $\frac{4}{11} \div \frac{2}{3} =$＿＿＿＿＿＿　4. $\frac{5}{21} \div \frac{7}{5} =$＿＿＿＿＿＿

答案：

1. $\frac{16}{77}$；　2. $\frac{1}{24}$；　3. $\frac{6}{11}$；　4. $\frac{25}{147}$。

第四节 带分数乘除法

说到带分数的乘除法，其实很简单，我们只需把带分数转化为假分数，然后像对待分数乘除法一样就可以了。

我们看一看下面的计算：

$$1\frac{1}{2}\times 2\frac{3}{4}=\frac{3}{2}\times\frac{11}{4}=\frac{33}{8}=4\frac{1}{8}$$

$$2\frac{2}{9}\times 3\frac{1}{7}=\frac{20}{9}\times\frac{22}{7}=\frac{440}{63}=6\frac{62}{63}$$

$$1\frac{1}{4}\div 1\frac{1}{5}=\frac{5}{4}\div\frac{6}{5}=\frac{5}{4}\times\frac{5}{6}=\frac{25}{24}=1\frac{1}{24}$$

$$2\frac{1}{7}\div 1\frac{7}{11}=\frac{16}{7}\div\frac{18}{11}=\frac{16}{7}\times\frac{11}{18}=\frac{88}{63}=1\frac{25}{63}$$

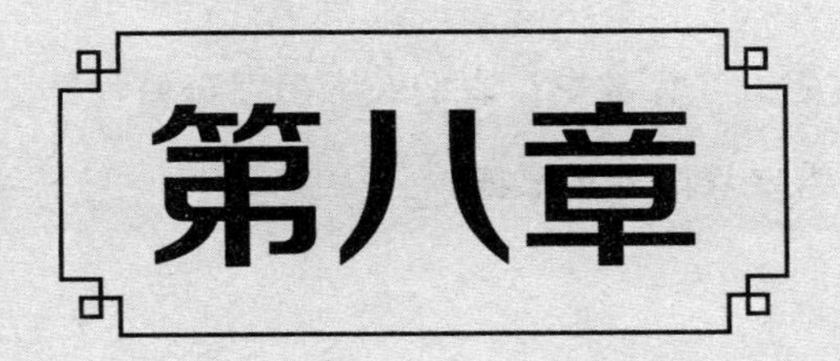

更上一层楼
——印度数学的代数问题

代数的“代”字就透露出了它的本性，我们要求最后的结果还是要把代数式里面的字母用数代替，这个过程就是代数。

第一部分　代数基础知识

代数的词语本意是毁坏重组。在代数中，我们经常用字母替代数，里面还有一些通用的符号和规则需要我们牢牢记住。

具体如表所示：

符号	寓意
$a+b$	a 与 b 的和
$a-b$	a 与 b 的差
$a \times b$	a 乘以 b
$a \div b$	a 除以 b
$a=b$	a 与 b 相等
$a > b$	a 大于 b
$a < b$	a 小于 b
$a \geqslant b$	a 大于等于 b
$a \leqslant b$	a 小于等于 b
a^2	a 的平方
a^3	a 的立方
$a(a+b)$	a 乘以 a 与 b 的和，乘积是多少
$(a+b) \div a$	a 与 b 的和除以 a，商是多少

还有一些分解展开式：

$$(a+b)^2 = a^2+2ab+b^2$$

$$(a-b)^2 = a^2-2ab+b^2$$

$$a^2-b^2 = (a+b)(a-b)$$

$$\underbrace{a \cdot a \cdot \cdots}_{n\text{个}} \cdot a = a^n$$

$$a(a+b) = a^2+ab$$

另外还有正负数的确定问题:

★ 两个正数相乘得数一定是正数。

比如，$2\times3=6$，$4\times7=28$。

★ 一个正数一个负数相乘得数一定是负数。

$-3\times2=-6$，$4\times(-9)=-36$。

★ 两个负数相乘得数一定是正数。

$(-10)\times(-6)=60$，$(-17)\times(-5)=85$。

★ 两个正数相除得出的商一定是正数。

$9\div3=3$，$8\div2=4$。

★ 两个负数相除得出的商一定是正数。

$(-10)\div(-5)=2$，$(-100)\div(-10)=10$。

★ 一正一负相除得出的商一定是负数。

$(-20)\div4=-5$，$20\div(-4)=-5$。

也就是说，两个数相乘除，符号相同得正数，符号相反得负数。

针对加减法，正负数的确定情况要复杂许多。

★ 两个正数相加，得出的一定是正数。

$2+3=5$，$9+8=17$。

★ 两个负数相加，得数一定是个更小的负数。

$-8-9=-17$，$-2-3=-5$。

★ 一正一负两个数相加，得数的正负取决于绝对值较大一个。

$-9+3=-6$，$9-3=6$。

对于减法我们要多加注意，

$7-(-2)=7+2=9$。

$7-2=5$，$7-10=-3$。

接下来我们要说的就是各种符号在运算过程中的先后顺序，假如不按照顺序计算，我们就会得出错误的结果。

人们一贯遵循的规则是：

先进行括号里的，再进行括号外的；接下来就是平方、立方、平方根、立方根的运算；然后是乘除；最后是加减。

比如：**$85-(2+9)\times5=?$**

其计算过程如下：

括号里的 $2+9=11$；

然后是乘法 $11\times5=55$；

最后是减法 $85-55=30$。

所以 $85-(2+9)\times5=85-11\times5$

$=85-55$

$=30$。

$28\div2^2+12\times(5+6)=?$

计算过程如下：

括号里的 $5+6=11$；

计算平方 $2^2=4$；

然后乘、除法 $28\div4=7$，$12\times11=132$；

加法 $7+132=139$。

所以 $28\div2^2+12\times(5+6)=28\div4+12\times11$

$=7+132$

$=139$。

如果算式里有同类项的，应当首先合并，这样会使得计算简洁许多。

比如：**$2x+7x+8x+9=?$**

我们可以把所有包含 x 的项合在一起，合并同类项，得

$2x+7x+8x+9$

$=(2+7+8)x+9$

$=17x+9$。

比如：**7a+3b+2a+4b=？**

$7a+3b+2a+4b$

$=(7+2)a+(3+4)b$

$=9a+7b$。

比如：12c+7d−(2c+3d)×2=？

$12c+7d-(2c+3d)\times 2$

$=12c+7d-4c-6d$

$=(12-4)c+(7-6)d$

$=8c+d$。

习题：

1.$4a+3a=$______　　2.$7d-3d=$______

3.$7a+3b-4a+2b=$______　4.$6x+9y+4a+2x-4y=$______

5.$4(2a+5b)-3c-7a-9b=$______

答案：

1.$7a$；　2.$4d$；　3.$3a+5d$；　4.$8x+5y+4a$；　5.$a+11d-3c$。

第二部分　代数的“代”字

代数的“代”字就透露出了它的本性，我们要求出最后的结果还是要把代数式里面的字母用数代替，这个过程就是代数。

比如是，在 x 为 2、y 为 3 的情况下，计算：

$$4x+3y=?$$

首先用数替代里面的字母 $4\times2+3\times3$；

然后再得出最后结果 17。

所以 $4x+3y=4\times2+3\times3$

$=17$。

又如，在 a 为 7、b 为 9 的情况下，计算

$$10a-3b=?$$

第一，用数替代里面的字母。$10\times7-3\times9$；

第二，对算式进行计算，得出最后结果 43。

所以 $10a-3b=10\times7-3\times9$

$=43$。

再如，在 x 为 5、y 为 4 的情况下，计算：

$3(2x+y^2)+xy$

第一步，把 x 和 y 的数值分别带入算式，$3(2\times5+4^2)+4\times5$，

第二步，对算式进行计算，得出最后结果 98。

所以 $3(2x+y^2)+xy=3(2\times5+4^2)+4\times5$

$=98$

习题：

1. 在 x 为 9，y 为 12 的情况下，计算：$4y+3x$；

2. 在 a 为 4，b 为 7 的情况下，计算：$10b-4a$；

3. 在 m 为 14，n 为 17 的情况下，计算：
$(2m+4n)\div2-n$；

4. 在 k 为 3，i 为 7 的情况下，计算：$4k^2-2(i-k)$；

5. 在 w 为 -2，z 为 4 的情况下，计算：$2w+3z-2wz$；

6. 在 s 为 16，t 为 13 的情况下，计算：$4st-t^2$。

答案：

1.$4y+3x=4\times12+3\times9=48+27=75$；

2.$10b-4a=10\times7-4\times4=70-16=54$；

3.$(2m+4n)\div2-n=(2\times14+4\times17)\div2-17=31$；

4.$4k^2-2(i-k)=4\times3^2-2\times(7-3)=28$；

5.$2w+3z-2wz=2\times(-2)+3\times4-2\times(-2)\times4=24$。

6.$4st-t^2=4\times16\times13-13^2=663$。

巅峰之作
——一元一次方程和二元一次方程

解方程是初等代数学的中心内容，印度数学的巅峰就是妙解一元一次方程和二元一次方程，原来多元一次方程可以这样解，真是大开眼界。

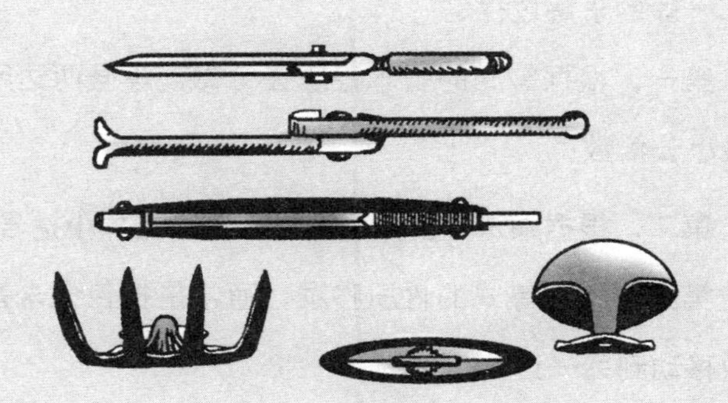

第一部分　一元一次方程

阅读下面的文字，并且用数学方法加以表述。

文字说明	数学表述
一个未知数与 9 的和为 17	$x+9=17$
一个未知数的 3 倍减去 19 的差为 24	$3x-19=24$
一个未知数与 12 的和除以 7 商为 12	$(x+12)\div 7=12$

上面的数学表达式都有一个共同的特征，那就是包含一个未知数，并且未知数的最高次数为 1，我们们把这样的表达式称作是一元一次方程，一元一次方程有个标准形式，那就是 $ax+b=0(a\neq 0)$，其中 a，b 为常数，x 为未知数，并且 a 不可以等于 0，求根公式为 $x=-\dfrac{b}{a}\ (a\neq 0)$。

一元一次方程有三大特点：

第一，满足整式方程；

第二，方程中包含一个未知数；

第三，未知数的最高次数为 1 。

一般的求解过程是：

第一，根据等式的基本性质去分母，等号两边所有项同时乘以两边分母的最小公倍数；

第二，根据乘法分配律去括号，依次去掉小括号，中括号，大括号；

第三，根据等式的性质移项，通常是把包含未知数的项移动到一边，把常数移动到另一边；

第四，根据乘法分配律合并同类项，化简方程到 $ax=b$ 的程度，其中 a 不可以为 0；

第五，根据等式的性质把系数化解为 1，方程两边同时除以组合后的系

数 a，得出方程的解 $x=\frac{b}{a}$。

方程的具体应用如下：

- 有个未知的数，它与 9 的和为 13，请求出这个未知数。

不难看出，4 与 9 的和就是 13，这个未知数就是 4。我们运用代数方法

解答这个题目会显得十分简单。

首先设这个未知数是 x，随后推出 $x+9=13$。解方程，得 $x=4$。

- 2 乘以括号里的 4 加上未知数，然后减去 12 的差为 32，求出这个未知数。

- 我们设这个未知数为 x，根据题意，得

$$2\times(4+x)-12=32$$

解方程得 x 为 18。

例 1 解方程：$5x+12=47$

解：

(1) 两边同时减去 12，得

$$5x=35;$$

(2) 两边同时除以 5，得

$$x=7。$$

例 2 解方程：$2(x-5)+7=31$

解：

(1) 去括号，得　$2x-10+7=31$；

(2) 移项，得　$2x=34$；

(3) 系数化为 1，得　$x=17$。

习题：请练习求出下列方程的解。

1.$7+x=18$；　　2.$40-x=31$；

3.$7(x-2)=24$；　　4.$9x-24=48$；

5.$4x+24=40$。

答案：

1.$x=11$；　2.$x=9$；　3.$x=\frac{38}{7}$；　4.$x=8$；　5.$x=4$。

第二部分　二元一次方程组

我们上一节学过了一元一次方程，如果有两个未知数，且含未知数的项的次数都是一次，那么，这样的方程组叫做二元一次方程组，这两个未知数我们一般用 x 和 y 表示。

我们解二元一次方程组的方法一般包括：

★ 第一，代入消元法，具体操作步骤包括：

❶ 把其中一个简单的方程变化为 $y=ax+b$ 或者 $x=ay+b$ 的形式；

❷ 将 $y=ax+b$ 或者 $x=ay+b$ 代入另一个方程式，这样就会有一个未知数被消掉，从而变成一元一次方程；

❸ 求出一元一次方程的解，代入 $y=ax+b$ 或者 $x=ay+b$，求出另一个未知数；

❹ 最后把两个未知数用大括号连起来。

比如，解方程组：

$$\begin{cases} 2x+y=13 \\ 4(3-x)+6y=17 \end{cases}$$

我们可以把前面的方程变化为 $y=13-2x$，并且把其代入第二个方程，得

$$4(3-x)+6(13-2x)=17$$

解方程，得　$x=\dfrac{73}{16}$

把 $x=\dfrac{73}{16}$

代入 $y=13-2x=13-2\times\dfrac{73}{16}=\dfrac{31}{8}$

$$\therefore \begin{cases} x=\frac{73}{16} \\ y=\frac{31}{8} \end{cases}$$

★ 第二，加减消元法，具体步骤如下：

❶ 在方程组中，假如同一个未知数的系数相同（或者绝对值相等性质相反），我们可以直接用减法（或者加法）消去一个未知数；

❷ 假如不存在上面说的情况，我们可以利用等式两边同时乘以适当的数，转化成上面的情况，从而通过相加或者相减得出一个一元一次方程；

❸ 求出这个一元一次方程的解；

❹ 代入原方程求出另一个解；

❺ 把两个解用大括号连起来。

比如，解方程组：

$$\begin{cases} 2x+3y=49 \\ 7x-3y=23 \end{cases}$$

把两个方程相加，得

$$9x=72$$

解方程得　$x=8$。

把 $x=8$ 代入 $2x+3y=49$ 得

$$16+3y=49$$

解方程得　$y=11$。

$$\therefore \begin{cases} x=8 \\ y=11 \end{cases}$$

再比如，解方程组：

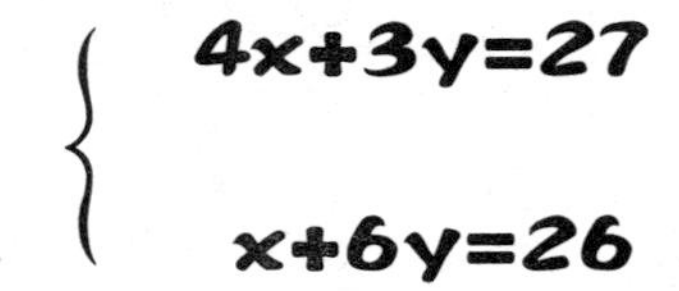

我们可以使 $4x+3y=27$ 两边同时乘以 2，得出

$$8x+6y=54$$

用它减去 $x+6y=26$，得

$$7x=28$$

解方程，得 $x=4$，

代入 $x+6y=26$,$4+6y=26$ 得出 $y=\frac{22}{6}=\frac{11}{3}$，

$$\therefore \begin{cases} x=4 \\ y=\frac{11}{3} \end{cases}$$

以上是我们经常使用的两种方法，除此之外还有加减代入混合法、换元法、设参数法……这里我们不再一一讲述了。